解方程 其实 很简单 ①

方程村危机大爆发

小小鹰 著/绘

一元一次方程
基本性质

电子工业出版社
Publishing House of Electronics Industry

北京·BEIJING

图书在版编目（CIP）数据

解方程其实很简单.方程村危机大爆发 / 小小鹰著

绘. -- 北京 : 电子工业出版社, 2024.7

ISBN 978-7-121-46249-8

Ⅰ.①解… Ⅱ.①小… Ⅲ.①方程 – 少儿读物 Ⅳ.

①O122.2-49

中国国家版本馆CIP数据核字(2023)第169106号

责任编辑：　赵　妍　季　萌

印　　刷：　中煤（北京）印务有限公司

装　　订：　中煤（北京）印务有限公司

出版发行：　电子工业出版社

　　　　　　北京市海淀区万寿路173信箱　邮编：100036

开　　本：　889×1194　1/16　印张：18　字数：333.3千字

版　　次：　2024年7月第1版

印　　次：　2024年7月第1次印刷

定　　价：　148.00元（全6册）

凡所购买电子工业出版社图书有缺损问题，请向购买书店调换。若书店售缺，请与本社发行部联系，联系及邮购电话：（010）88254888，88258888。

质量投诉请发邮件至zlts@phei.com.cn，盗版侵权举报请发邮件至dbqq@phei.com.cn。

本书咨询联系方式：（010）88254161转1860，zhaoy@phei.com.cn。

前言

大家好，我是 X 特工队的队长小 X。

什么，你还没听说过 X 特工队？那我先自我介绍一下吧！

X 特工队由敢于冒险的小 X、擅长推理的小 Y，以及外表可爱、柔弱，但战斗力惊人的小 Z 组成。

我们是方程村的守护者，在村长 π 爷爷的带领下，保卫方程村的一草一木。方程村是一个安乐祥和的村子，村民们非常聪明，善于利用方程知识解决生活中的各种问题。

突然有一天，村里来了一个顶着飞机头的怪家伙，他自称 NONO 博士。这家伙为了抢夺传说中的 " 聪明药丸 "，居然在方程村的水井里投放无解药水！

这种药水太可怕了，村民们中毒后，会完全忘掉如何解方程，方程村陷入了一场大乱！

这时，轮到 X 特工队出马了。我们一路追击 NONO 博士，希望能从他身上得到无解药水的解药。

NONO 博士喜欢用方程难题设置陷阱，所以这趟旅行惊险重重。我们修过被咬咬怪破坏的悬浮桥，闯过快要喷发的火山口，穿过热带雨林，渡过鳄鱼湖，还参观了日历迷宫，进入过时间旋涡……

想知道我们和 NONO 博士战斗的精彩过程吗？

想了解我们是如何利用方程知识一次次摆脱 NONO 博士的陷阱吗？

快来和 X 特工队一起冒险吧！

目录

人物介绍

小 X：X 特工队的队长。热情勇敢，跑得快，反应灵敏，愿望是拯救世界。

专属道具

X 卡片，用写有正确答案的 X 卡片击中敌人或陷阱，可成功闯关。

小 Y：X 特工队的智商担当。数学天才，善于发现细节和演算推理，但是胆小，容易受到惊吓。最喜欢解方程和吃东西。

专属道具

Y 手柄推理放大镜，借助它可以发现陷阱隐蔽处的解题线索。

小 Z：X 特工队的力气担当。她看起来可可爱爱，柔柔弱弱，但其实是个脾气火爆的怪力美少女。

专属道具
Z 能量拳击手套，戴上它可以爆发出惊人的力量。

NONO 博士：方程村的头号敌人，一个狂妄自大的数学博士。他梦想得到聪明药丸，成为这个世界上最厉害的数学天才。

专属道具
无解药水，能让人忘记方程知识。

多罗：NONO 博士的得力助手，机器鸡中的"战斗机"。不过十分懒惰，动不动就进入休眠状态。

楔子

很久很久以前，在迷雾森林外有一个充满欢乐的小村庄……

传说，村庄的第一任村长 α，误打误撞地进入了迷雾森林，救了一只受伤的神兽。为了报答村长，神兽送给村长两颗凝聚着智慧的聪明药丸。

谢谢您，善良的 α。吃下聪明药丸，您将成为世界上最聪明的人，这样您就可以把村庄变成最幸福的地方。

让我尝尝。

α 吃下一颗聪明药丸后，获得了神秘的"数学方程智慧"。他将这些智慧传授给村民们，带领大家将村庄改建得焕然一新，并给村庄取名为"方程村"。

α 害怕坏人得到药丸后，会产生邪恶的破坏力量，便将另一颗药丸悄悄藏了起来，并把藏宝图交给了自己的孙子 π，也就是现在的村长 π 爷爷。

π，一定要好好守护聪明药丸啊……

我会的，爷爷！

村庄周围的坏人都想得到聪明药丸。

和平而宁静的日子一直持续了近百年，直到一个名叫 NONO 的博士出现……

哈哈哈，干得漂亮，多罗！传说中的聪明药丸，一定是我 NONO 大魔王的！

好累啊，我先睡一会儿。

无解药水

方程村危机

一个黑漆漆的夜晚，NONO 博士偷偷潜入方程村，在水井里投下了无解药水。方程村的危机诞生了……

题目回顾

小 A 比小 B 高 5 厘米，小 B 的高度是小 C 的 2 倍，用含 x 的代数式来分别表示小 A、小 B 和小 C 的高度。

在做题之前，我们先解释一下什么是**设未知数**吧。

思路分析

解决实际问题时，由于不知道某些量是多少，所以很难求解，这些量就被称为未知数。这时，我们可以把未知数用 x、y、z 表示，叫作**设未知数**。设未知数能帮我们用正向思维建立等式关系，快速解题。

提示

设未知数的方法：

（1）列出已知条件和未知的量；

（2）假设其中一个未知量为 x，并用含有 x 的代数式表示题目中其余相关的量。

题目解析

设小 C 的高度为 x 厘米。

根据已知条件，小 B 的高度是小 C 的 2 倍，则小 B 的高度为 $2x$ 厘米。

小 A 比小 B 高 5 厘米，则小 A 的高度为（$2x+5$）厘米。

答 设小 C 的高度为 x 厘米，则：

小 B 的高度为 $2x$ 厘米；

小 A 的高度为（$2x+5$）厘米。

电影院遇到了麻烦，三把椅子逃跑了！

只有用含 x 的代数式分别表示它们的座位号，它们才会乖乖回去！

小蓝的座位号是我的 3 倍。

我的座位号比小黄大 3。

没人知道我们的座位号。

小蓝

小红

小黄

快来挑战吧，下一个 X 特工就是你！

任务难度 ☆

咬咬怪和悬浮桥

村长 π 爷爷担心无解药水会造成可怕的后果，所以委派 X 特工队对大坏蛋 NONO 博士展开追捕，尽快拿回无解药水的解药。

难道修桥的秘密，就藏在这些数字和符号里？

咬咬怪被赶跑了，可是我们不会修桥啊……

小 Y，你猜得没错！悬浮桥本来由 200 块木板组成，现在被 2 只咬咬怪破坏，只剩下 100 块完整的木板了。你们只要设未知数，根据上面的条件列出**方程**，大桥就可以修好啦！

知道啦，谢谢 π 爷爷！

题目回顾

悬浮桥由 200 块木板组成，被 2 只咬咬怪破坏，现在只剩下 100 块完整的木板了。你能根据以上条件，设未知数并列出方程吗？

小 X，让我来考考你，什么是**方程**？

小菜一碟！

思路分析

含有未知数的等式，就是**方程**。需要注意的是，方程一定是等式，不过等式不一定是方程哦！

列方程的步骤如下：

（1）分析已知条件，找到题目中各数量之间的等量关系；

（2）选取某个合适的未知量，设为 x；

（3）用含 x 的代数式表示其他未知量，代入（1）的等量关系中，列出含 x 的等式，即为方程。

题目解析

分析题意，已知大桥所含的木板总数量为 200 块，被分成了两部分：第一部分被咬咬怪破坏；第二部分是剩下的 100 块。这样就找到了等量关系，即大桥的木板总数 = 每只咬咬怪平均破坏的木板数 × 2+100。

解 设每只咬咬怪平均破坏了 x 块木板。

列方程：$2x+100=200$

方程村小学紧急求助！

学校买了 70 棵树苗，准备种在操场上。这些树苗被 4 只咬咬怪咬坏，现在只剩下 30 棵完整的树苗。你能根据这些条件，找出等量关系并列出方程吗？

快来挑战吧，下一个 X 特工就是你！

任务难度 ☆☆

阻止火山爆发

NONO 博士故意留下线索，将 X 特工队引到一处火山口附近。这一次，狡猾的 NONO 博士又会耍什么花招呢?

题目回顾

请从下列石头中搬走两块，并保持等式的平衡。

| $3x$ | $+10$ | -20 | $=$ | $2x$ | $+10$ |

小 Y，这些石头长得一模一样，应该怎么选呢？

根据**等式的性质 1**来选吧。

思路分析

如果未知数的某个值能使方程左右两边相等，那么这个未知数的值就是方程的**解**。求方程的解的过程叫作**解方程**。

解方程的过程中，我们会用到一些基本的性质和方法。

等式的性质 1：等式的两边同时加上或者减去同一个数，等式依然成立。

题目解析

解 利用等式的性质 1，在等式 $3x+10-20 = 2x+10$ 的两边同时减去 10，将等式变形为：$3x+10-20-10 = 2x+10-10$

即： $3x-20 = 2x$

因此，从等号的左边和右边同时搬走刻有"+10"的石头，等式依然成立。

特工大闯关

不好了，NONO博士把农场的门破坏啦！

你能找出农场大门上变形错误的等式吗？把它改正过来，就能帮大门恢复原状！

快来挑战吧，下一个X特工就是你！

任务难度 ☆☆

热带雨林的求救

X 特工队穿越热带雨林去追捕 NONO 博士，没想到遇到了一群正在求救的猴子……

题目回顾

求以下方程的解。

$0.5x=31$

遇到 x 的**系数**不为 1 的情况时，要怎么解呢？

使用**等式的性质 2** 就好啦！

Tips

系数：**单项式**中未知数前面的数叫作系数。比如单项式 $3x$ 中，3 就是系数。

单项式：由数或未知数的积组成的式子叫作单项式，单独的一个数或一个未知数也是单项式。比如 3、x、$3x$ 都是单项式。

思路分析

　　等式的性质 2：在等式两边同时乘以或除以同一个不为 0 的数或式子，等式仍然成立。

题目解析

　　根据等式的性质 2，让等式两边同时乘以一个合适的数，将 x 的系数变为 1。

（**解方程**）方程的左右两边同时乘以 2，方程变形为：

$$0.5x \times 2 = 31 \times 2$$

$$x = 62$$

（**检验**）将 $x=62$ 代入方程，等式成立。因此，62 为方程 $0.5x=31$ 的解。

巨型鳄鱼湖

离开热带雨林，X特工队来到了凶险异常的鳄鱼湖。据说这里生活着一群巨型鳄鱼，X特工队能顺利通过吗？

题目回顾

$x+2x+4x=140$

哦，那可以合并**同类项**让方程式变短！

原来，这里的鳄鱼这么大，是因为它们背上的方程式太长了！

Tips

方程式中，所含未知数相同，且相同未知数的指数也相同的几个单项式被称为**同类项**。同类项可以合并，合并时未知数及其指数不变，只把系数相加减即可。**指数**：表示同一个数连续相乘的次数。比如 x^2 中 2 就是 x 的指数，意思是 2 个 x 连续相乘。

思路分析

观察发现，方程左边有 3 个含 x 的单项式，并且 x 的指数都是 1，它们为同类项。遇到同类项要先合并，再求解。

题目解析

解方程　　　　　$x+2x+4x=140$

合并同类项得：（1+2+4）x=140

$7x$=140

鳄鱼危机虽然解除了，但鳄鱼湖的水草缠住了 X 特工队。只要合并同类项，将图中的方程式变短，就能消灭这些讨厌的水草！

快来挑战吧，下一个 X 特工就是你！

任务难度 ☆☆

日历迷宫

从鳄鱼湖冒险归来的 X 特工队，遇到了一个头上被人写着"15"的小朋友，他迷路了……

33

题目回顾

下图日历中，被圈起来的3个日期数的和是57，请分别求出这3个数。

星期日	星期一	星期二	星期三	星期四	星期五	星期六
	?	?	?	?	?	?
?	?	?	?	?	?	?
?	?	?	?	?	?	?
?	?	?	?	?	?	?
?	?	?	?	?	?	?

思路分析

仔细观察日历，会发现，在日历中，任意一个数与它相邻的几个数之间存在以下关系：

$x-1-7$	$x-7$	$x+1-7$
$x-1$	x	$x+1$
$x-1+7$	$x+7$	$x+1+7$

题目解析

解 设被圈起来的3个数中间的一个数为 x，那么，被圈起来的3个数分别为 $x-1$，x，$x+7$。

已知3个数相加的和为57，则：

$$(x-1)+x+(x+7)=57$$
$$3x+6=57$$
$$3x=51$$
$$x=17$$
$$x-1=16$$
$$x+7=24$$

检验 $16+17+24=57$，与题意相符。

特工大闯关

机智的 X 特工队也设下了一个日历陷阱，成功抓住了 NONO 博士。图中 3 个被圈出来的数总和为 40，你知道这 3 个数分别是多少吗？

快来挑战吧，下一个 X 特工就是你！

任务难度 ☆☆☆

时间旋涡

X特工队成功抓住了NONO博士，准备把他押送回方程村审问，但是回村的路上，发生了一件匪夷所思的事！

特工小课堂

π 爷爷 7 点从 A（方程村）出发，开车的速度是每小时 40 千米。同时 X 特工队从 B（日历迷宫）出发，走路的速度是每小时 5 千米。方程村距离日历迷宫 45 千米，他们相向而行，请问他们在几点钟相遇？

思路分析

这是一道相遇问题。双方从两地同时出发，相向而行，经过一段时间后在途中相遇，相遇的过程存在以下等量关系：

速度 A × 时间 + 速度 B × 时间 = 总路程。

题目解析

解 根据题目可知，π 爷爷从 A 向 B 出发，而 X 特工队从 B 向 A 出发。假设他们在 C 点相遇，则 π 爷爷走过的总路程是 AC，X 特工队走过的总路程是 BC，可以得出等量关系：$AC+BC=45$（千米）。

设未知数 设 x 小时后，X 特工队能和 π 爷爷相遇。π 爷爷开车的速度是每小时 40 千米，所以 $AC=40x$。X 特工队走路的速度是每小时 5 千米，所以 $BC=5x$。

列方程 $40x+5x=45$

解方程 $45x=45$

$x=1$

检验 当 $x=1$ 时，π 爷爷走了 $40 \times 1=40$（千米），X 特工队走了 $5 \times 1=5$（千米），$40+5=45$（千米）。

答 π 爷爷和 X 特工队会在 1 小时后相遇，此时为 8 点。

特工大闯关

虽然 X 特工队解开了时间旋涡，但 π 爷爷也被困住了！

超市花老板准备去 π 爷爷的实验室送物资，因为东西太多，花老板打电话让 π 爷爷接他。花老板从超市出发，π 爷爷从实验室出发，两个人相向而行。已知超市距离实验室 30 千米，π 爷爷开车的速度为每小时 28 千米，花老板拎着东西每小时只能走 2 千米。他们多久能相遇？

你能解出这道题，帮助 π 爷爷逃离时间旋涡吗？

快来挑战吧，下一个 X 特工就是你！

任务难度 ★★☆

疯狂赛车

眼看已经到达方程村的村口了，诡计多端的 NONO 博士又逃跑了，还抢劫了一名无辜村民的摩托车！

题目回顾

X特工队的车速为每小时60千米，NONO博士的车速为每小时50千米。X特工队开始行驶时，NONO博士已经行驶了50千米。X特工队能追上NONO博士吗？如果能，需要多长时间呢？

X特工队，全速前进！

追不上我吧，哈哈哈！

题目解析

思路分析

这是一道追击问题。双方在同一方向上运动，其中一方快，另一方慢。当慢的在前时，快的过一段时间就能追上慢的。追赶的过程存在以下等量关系：

速度A×时间-速度B×时间=路程差（追击路程）。

设未知数 设 x 小时后，X特工队追上NONO博士。

假设X特工队从 A 点开始追逐，此时NONO博士位于 B 点，两地相距50千米。x 小时后，X特工队在 C 点追上了NONO博士，此时NONO博士行驶的距离是 $50x$ 千米，而X特工队行驶的距离是 $60x$ 千米。

通过示意图，可以知道 x 小时内X特工队经过的路程 =x 小时内博士经过的路程 +50千米。

列方程 $60x=50+50x$

解方程
$$60x-50x=50$$
$$10x=50$$
$$x=5$$

检验 5小时后，X特工队经过的路程为 $60 \times 5=300$ 千米，NONO博士经过的路程为 $50 \times 5+50=300$ 千米。

答 5小时后，X特工队就能追上NONO博士啦！

45

NONO 博士在机器鸡多罗的帮助下，成功逃脱了。不过，由于热气球漏气，NONO 博士只好骑在机器鸡多罗身上，他们打算劫持前方 200 千米远的一架飞机！飞机的速度是每小时 600 千米，多罗的速度是每小时 700 千米，请问多罗几个小时后能追上飞机？

快来挑战吧，下一个 X 特工就是你！

任务难度 ☆☆☆

快，追上前面那架飞机！

答案

方程村危机

解 设小红的座位号为 x，则：
小蓝的座位号为 $3x$，
小黄的座位号为 $3x-3$。

咬咬怪和悬浮桥

解 设平均每只咬咬怪咬坏了 x 棵树苗。
列方程：$4x+30=70$

阻止火山爆发

解 $2x-5=31 \rightarrow 2x-5+5=31-5$ 变形错误，
正确的变形应为：
$2x-5=31 \rightarrow 2x-5+5=31+5$

热带雨林的求救

解

$0.2x=10$，在等式左右两边同时乘
以 5：
$0.2x \times 5=10 \times 5$
$x=50$

$4x=28$，在等式两边同时除以 4：
$4x \div 4=28 \div 4$
$x=7$

巨型鳄鱼湖

解 $1.4x+2x+x=17.6$ 合并同类项得：
$(1.4+2+1)x=17.6$
$4.4x=17.6$

$2x+1+x+5=42$ 合并同类项得：
$2x+x=42-5-1$
$3x=36$

$2x+3x+4y+5y=60$ 合并同类项得：
$(2+3)x+(4+5)y=60$
$5x+9y=60$

日历迷宫

解 设 NONO 博士的椅子所在方格的
日期数为 x，则被圈出来的 3 个数分别
是 $x-1,x+1,x+7$。
$(x-1)+(x+1)+(x+7)=40$
$3x+7=40$
$x=11$
$x-1=10$，$x+1=12$，$x+7=18$。
答 被圈出来的 3 个数分别是 10，
12，18。

时间旋涡

解 设 x 小时后，他们能相遇。

$$28x+2x=30$$
$$30x=30$$
$$x=1$$

答 1 小时后，他们能相遇。

疯狂赛车

解 设多罗在 x 小时后能追上飞机。

$$700x=200+600x$$
$$700x-600x=200$$
$$100x=200$$
$$x=2$$

答 多罗在 2 小时后能追上飞机。

解方程

很简单 ②

小小鹰 著/绘

无解药水的魔咒

一元一次方程
综合运用

电子工业出版社
PUBLISHING HOUSE OF ELECTRONICS INDUSTRY
北京·BEIJING

图书在版编目（CIP）数据

解方程其实很简单. 无解药水的魔咒 / 小小鹰著、
绘. -- 北京：电子工业出版社，2024.7
ISBN 978-7-121-46249-8

Ⅰ.①解… Ⅱ.①小… Ⅲ.①方程 - 少儿读物 Ⅳ.
①O122.2-49

中国国家版本馆CIP数据核字(2023)第169107号

责任编辑：赵　妍　季　萌
印　　刷：中煤（北京）印务有限公司
装　　订：中煤（北京）印务有限公司
出版发行：电子工业出版社
　　　　　北京市海淀区万寿路173信箱　邮编：100036
开　　本：889×1194　1/16　　印张：18　字数：333.3千字
版　　次：2024年7月第1版
印　　次：2024年7月第1次印刷
定　　价：148.00元（全6册）

凡所购买电子工业出版社图书有缺损问题，请向购买书店调换。若书店售缺，请与本社
发行部联系，联系及邮购电话：（010）88254888，88258888。
质量投诉请发邮件至zlts@phei.com.cn，盗版侵权举报请发邮件至dbqq@phei.com.cn。
本书咨询联系方式：（010）88254161转1860，zhaoy@phei.com.cn。

前言

大家好，我是 X 特工队的成员小 Y，头发卷卷的小胖子就是我啦！

上一次，NONO 博士被从天而降的机器鸡多罗救走了，我们不仅没拿到无解药水的解药，π 爷爷最担心的事情还发生了！

在无解药水的影响下，村民们全都不会解方程了。

没有了解方程的能力，村民们的生活很快就陷入混乱。水渠施工队不会计算施工效率，算不出修完水渠要花多长时间；村里分地，村民们因为土地面积分配不均，差点儿打了起来；房屋建筑队不懂劳动力分配，工人们纷纷指责对方偷懒……

于是，在 π 爷爷的带领下，我们 X 特工队开始帮助村民一点一点解决问题，重建美丽的方程村。

令人意想不到的是，NONO 博士在逃跑之后，又带着多罗偷偷潜回了方程村，继续寻找聪明药丸的下落。这个可恶的家伙，不仅去银行抢劫了珠宝，破坏了方程村的联欢球赛，还以"交出解药"为诱饵，让我们队帮他解决难题……

故事还在继续，我们 X 特工队肩负着拯救方程村的使命，一定会和 NONO 博士较量到底！

目录

人物介绍

小 X：X 特工队的队长。热情勇敢，跑得快，反应灵敏，愿望是拯救世界。

专属道具

X 卡片，用写有正确答案的 X 卡片击中敌人或陷阱，可成功闯关。

小 Y：X 特工队的智商担当。数学天才，善于发现细节和演算推理，但是胆小，容易受到惊吓。最喜欢解方程和吃东西。

专属道具

Y 手柄推理放大镜，借助它可以发现陷阱隐蔽处的解题线索。

小 Z：X 特工队的力气担当。她看起来可可爱爱，柔柔弱弱，但其实是个脾气火爆的怪力美少女。

专属道具

Z 能量拳击手套，戴上它可以爆发出惊人的力量。

NONO 博士：方程村的头号敌人，一个狂妄自大的数学博士。他梦想得到聪明药丸，成为这个世界上最厉害的数学天才。

专属道具

无解药水，能让人忘记方程知识。

多罗：NONO 博士的得力助手，机器鸡中的"战斗机"。不过十分懒惰，动不动就进入休眠状态。

讨厌的偷树贼

NONO博士乘热气球飞走了，X特工队决定暂时放弃追踪，先回方程村。他们回去之后发现，整个村子一片狼藉，原本郁郁葱葱的树林都没有了！于是，小X建议大家先植树造林，让村子恢复生机……

我们的目标是种100棵树！

哇，今天一共种了10棵！

这样很快就能收工了！

想收工，还早得很呢！

题目回顾

X特工队和村民们一共需要种100棵树，他们每天白天种10棵，夜晚被神秘人偷走5棵。这样下去，在第几天，树林里能有100棵树？

都怪这些神秘人，让简单的工作变复杂了！

什么时候收工我不知道，我只想知道什么时候开饭……

思路分析

X特工队种树需要满足以下等量关系：X特工队种树的数量－神秘人偷树的数量＝100棵。

提示

因为X特工队是在白天种树，神秘人是在夜晚才开始偷树，所以当树林里有100棵树时，X特工队种树的天数比神秘人偷树的天数多1天。这也是本题的易错点，要注意哦！

题目解析

解 设未知数 设在第x天树林里有100棵树。

列方程 $10x-5(x-1)=100$

解方程
$$10x-5x+5=100$$
$$5x=95$$
$$x=19$$

检验 第19天时，X特工队种树的数量为 $10×19=190$（棵）；

第19天时，神秘人偷树实际进行了18个夜晚，偷走的树的数量为 $18×5=90$（棵）；

此时X特工队种树的数量比神秘人偷树的数量多100棵。

答 在第19天，树林里有100棵树。

厨师小X每小时能烤好5只猪蹄,他每次一烤完,小Y就会立刻吃掉2只。请问在几小时后,小X能剩下11只烤好的猪蹄?

快来挑战吧,下一个X特工就是你!

任务难度 ☆☆☆

合作吧，施工队！

八月的天气酷热难耐，方程村已经整整一个月没下雨了，方程河都快枯竭了。于是，村民们准备修建一条水渠，把上游的河水引到村里来……

13

题目回顾

挖一条水渠，A 施工队单独施工需要 3 天，B 施工队单独施工需要 6 天。如果两队一起合作施工，需要几天完成？

我们才是，你们可不要拖后腿！

看在村长和 X 特工队的面子上，我们就勉为其难跟你们合作一次吧！

思路分析

工作量 = 工作效率 × 工作时间；
工作效率 = 工作量 ÷ 工作时间；
工作时间 = 工作量 ÷ 工作效率。

提示

要求得 A 队、B 队合作完成所需要的工作时间，需要先求出 A 队、B 队合作时各自的工作效率。

题目解析

解 把挖通水渠的整体工作量看作 1，
A 队的工作效率 = 工作量 ÷ 工作时间 = $\frac{1}{3}$；
B 队的工作效率 = 工作量 ÷ 工作时间 = $\frac{1}{6}$。

设未知数 设 A 队、B 队合作需要 x 天才能挖通水渠。

列方程 $\frac{1}{3}x + \frac{1}{6}x = 1$

解方程 $\frac{2}{6}x + \frac{1}{6}x = 1$

$\frac{3}{6}x = 1$

$x = 2$

检验 两队合作工作 2 天时，完成的工作量为
$\frac{1}{3} \times 2 + \frac{1}{6} \times 2 = 1$，符合题意。

答 如果两队一起施工，2 天就可以完成。

蓄水池中需要蓄水养鱼，有两根水管可以同时向蓄水池中注水。若单独注水，A 水管需要 10 小时，B 水管需要 5 小时。A 水管注水 1 小时后，X 特工队决定让两根水管一起向水池中注水，则还需要几小时才能将水池蓄满水？

快来挑战吧，下一个 X 特工就是你！

任务难度 ☆☆☆

超市花老板的烦恼

方程超市隆重开业啦！小 X 他们受到花老板的邀请前来帮忙……

哇，简直不敢相信我的眼睛，太整洁了！X特工队，真是太感谢你们了！

花老板，超市开业还有什么烦恼？都交给我们！

小意思啦！

说到超市开业，最大的烦恼，就是这个啦！

新店开业，特价酬宾，全场商品一律**?**折！

打折促销什么的，我最喜欢啦！

这次批发的饮料，进价每箱23元，定价每箱30元。薯片进价每箱30元，定价每箱40元。想要获得1000元利润，该打几折合适？

题目回顾

　　方程超市采购了一批饮料和薯片，其中饮料 100 箱，薯片 100 箱。饮料进价为每箱 23 元，定价为每箱 30 元；薯片进价为每箱 30 元，定价为每箱 40 元。现在超市准备进行促销活动，给商品打折。若超市要通过这批货物获得1000 元利润，应该打几折销售呢？

你只听到了这两个词吗？

饮料？薯片？都是我的最爱！

思路分析

利润＝售价－进价
　　　＝定价 × 折扣 ÷10－进价。

在本题中，需要满足以下等量关系：
薯片的利润 + 饮料的利润 =1000 元；
饮料的利润 =（定价 × 折扣 ÷10－进价）× 数量 =（30× 折扣 ÷10－23）×100；
薯片的利润 =（定价 × 折扣 ÷10－进价）× 数量 =（40× 折扣 ÷10－30）×100。

提示

超市获得的 1000 元利润是总利润，总利润＝单个利润 × 商品数量。

解 设未知数

设方程超市的折扣为 x 折时，超市通过销售饮料和薯片可以获得 1000 元的利润。

列方程

$(30x \div 10 - 23) \times 100 + (40x \div 10 - 30) \times 100 = 1000$

解方程

$$(3x-23) \times 100 + (4x-30) \times 100 = 1000$$
$$(3x-23) + (4x-30) = 10$$
$$7x-53 = 10$$
$$x = 9$$

检验

当这批商品打九折时，超市的利润为：

$(30 \times 0.9 - 23) \times 100 + (40 \times 0.9 - 30) \times 100$

$= 4 \times 100 + 6 \times 100$

$= 1000$（元）。

答 若超市要通过销售这批货物获得 1000 元利润，应该给商品打九折。

元旦期间商场开展打折促销活动，凡购物总额超过 200 元的部分可以享受七五折优惠。小 X 买了一台定价 190 元的学习机，小 Y 买了一箱零食。两人一共花了 215 元，求小 Y 买的零食定价是多少？

快来挑战吧，下一个 X 特工就是你！

任务难度　☆☆☆

银行金库案件

好久不见的坏蛋双人组又出现了！NONO 博士当然没有对抢夺聪明药丸死心，于是他和多罗悄悄回到方程村，这次他们的目标是方程银行的金库……

将一笔钱存入银行，银行的年利率是 2.5%，3 年后可以得到 150 元的利息，请问存入的本金是多少？

这么复杂的密码，怪不得会忘记……

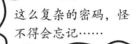

思路分析

本金和利息之间存在如下等量关系：

利息 = 本金 × 存款年数 × 年利率。

题目解析

解 **设未知数** 设存入的本金是 x 元。

列方程 $x \times 3 \times 2.5\% = 150$

解方程 $x \times 3 \times 0.025 = 150$

$$0.075x = 150$$

$$x = 2000$$

检验 利息 = 本金 × 存款年数 × 年利率 = $2000 \times 3 \times 2.5\% = 150$（元）
符合题意。

答 存入的本金是 2000 元。

小 X 和小 Y 分别在银行存了钱，年利率为 2%，小 X 存了 3 年，小 Y 存了 5 年。他们在今年存款到期后，一共拿到了 16300 元，小 X 的本金为 5000 元，请问小 Y 的本金是多少?

快来试试挑战吧，下一个 X 特工就是你!

任务难度 ☆☆☆

早知道把零花钱全都存入银行，我就发财了!

分地风波

水渠挖通以后，村民们开始开垦土地，家家户户都种上了各色果蔬。这天，两户村民却因为分地的问题起了争执……

X特工队，这是分给你们的土地。

谢谢村长！

太棒了！

我想种甜甜的草莓！

我想种香香的榴莲，想起来就要流口水了！

咦，那边怎么吵起来了？

这不公平！

特工小课堂

题目回顾

要把一个上底长为 6 米，下底长为 10 米，高为 10 米的大梯形分成面积相等的一个长方形和一个小梯形，请问应该怎么分？

思路分析

梯形面积 =（上底 + 下底）× 高 ÷ 2；

长方形面积 = 长 × 宽。

在本题中，需要满足以下等量关系：

小梯形面积 + 长方形面积 = 大梯形面积；

小梯形面积 = 长方形面积 = $\frac{1}{2}$ 大梯形面积。

题目解析

解 大梯形的上底长为 6 米，下底长为 10 米，高为 10 米。

大梯形的面积 =（6+10）× 10 ÷ 2 =16×10÷2=80（平方米）。

设未知数 设长方形的宽为 x 米。则小梯形上底长为（6-x）米，下底长为（10-x）米。

列方程 $10x=[（6-x)+(10-x)]×10÷2$

解方程 $10x=（16-2x）×10÷2$

$20x=160-20x$

$40x=160$

$x=4$

检验 当长方形的宽为 4 米时，长方形的面积为 4×10=40（平方米）；

小梯形的面积为（6-4+10-4）×10÷2=（2+6）×5=8×5=40（平方米），符合题意。

答 划出一个宽为 4 米、长为 10 米的长方形，就可以将大梯形的面积平分。

两边土地的面积一样，很公平！这样就没问题啦！

送给你们！

哇，是草莓种子！

特工大闯关

小 X、小 Y、小 Z 三人的菜地是三个完全相同的正方形，把它们连在一起拼成一个新的长方形后，周长比原来一块地的周长多了 12 米。小 Z 在其中的两块菜地种了草莓并围上了篱笆，请问小 Z 围成的菜地面积是多少？

快来挑战吧，下一个 X 特工就是你！

任务难度 ☆☆☆

小 Z，这不公平……

加油造房子

勤劳的方程村村民们修起了房子，他们分成人数相等的两队，分别是搬砖队和砌墙队。两队都干劲十足，可是工程进度却出现了问题……

题目回顾

施工队共有 32 名工人，一个搬砖工人平均每天能搬 150 块砖，一个砌墙工人平均每天只能砌 50 块砖。应该怎么安排搬砖和砌墙的人数，才能让这一天搬来的砖块刚好砌完呢?

思路分析

要使砖块刚好砌完，搬砖工人的搬砖数量和砌墙工人的砌砖数量需满足以下等量关系:

搬砖工人数量 ×150= 砌墙工人数量 ×50。

题目解析

解 **设未知数** 设安排 x 人去搬砖，则负责砌墙的工人数量为 $32-x$。

列方程 $150x=50×（32-x）$

解方程 $150x=1600-50x$

$(150+50)x=1600$

$200x=1600$

$x=8$

那么负责砌墙的人数为 $32-8=24$。

检验 由 8 人搬砖，24 人砌墙时，

搬砖工人每天搬砖数量为 $8×150=1200$（块）;

砌墙工人每天砌砖数量为 $24×50=1200$（块）。

符合题意。

答 需安排 8 个人搬砖，24 个人砌墙，刚好能让砖块砌完。

装修队共有 18 名工人，平均每人每天可以安装 8 扇门或者 6 扇窗。每栋房子有 2 扇门和 3 扇窗，请问怎么分配这 18 名工人，才能每天让门和窗同时安装完？

快来挑战吧，下一个 X 特工就是你！

任务难度 ☆☆☆

赛场风云

为了庆祝方程村的重建圆满完成，村长决定在村子里举办一场足球赛，真是令人期待呢！村民们一共组建了 8 支球队，激烈的球赛即将开始，你们觉得哪个队会赢呢？

38

题目回顾

总共有 8 支队伍参加比赛，按照胜一场得 3 分，平一场得 1 分，负一场得 0 分的规则积分。X 特工队与其他 7 支队伍各赛 1 场后，以不败的战绩积了 17 分，X 特工队共胜了几场比赛呢？

思路分析

X 特工队获得的总积分为 17 分，满足以下等量关系：
胜利场次 ×3+ 平局场次 ×1+ 失败场次 ×0=17。

提 示
X 特工队是以不败的战绩获得了积分，所以失败场次为 0！
X 特工队需要与其他 7 支队伍分别比赛，所以 X 特工队一共进行了 7 场比赛。

题目解析

解

设未知数 设 X 特工队在比赛中共赢了 x 场，则平局场次为 7−x 场。

列方程 $3x+(7-x)\times 1=17$

解方程
$$3x+7-x=17$$
$$2x=10$$
$$x=5$$

检验 X 特工队总积分为 $5\times 3+2\times 1=15+2=17$ 分，符合题意。

答 X 特工队共赢了 5 场比赛。

在一次 12 支队伍参加的篮球赛中，规定胜一场得 3 分，平一场得 1 分，负一场得 0 分。X 特工队在比赛中胜场数比负场数多 2 场，最后共计 18 分，那么 X 特工队平了几场？

快来挑战吧，下一个 X 特工就是你！

任务难度 ☆☆☆☆

电视上的阴谋

一天，方程村的电视屏幕上突然出现了NONO博士的脸！他说只要X特工队能帮他解决一道数学难题，他就会乖乖交出无解药水的解药……

题目回顾

笔子里关着鸡和兔子，可以数出有 8 个头、26 只脚，那么有多少只鸡、多少只兔子呢？

快点儿做题！你们无视我吗？

兔子那么可爱，怎么可以关起来？

思路分析

每只鸡有 1 个头、2 只脚；每只兔子有 1 个头、4 只脚。

鸡兔同笼时，有以下等量关系：

鸡脚的总数 + 兔脚的总数 = 总脚数；

鸡头的总数 + 兔头的总数 = 总头数。

题目解析

解 **设未知数** 设兔子有 x 只，那么鸡有 $8-x$ 只。

列方程 $4x+2(8-x)=26$

解方程
$$4x+16-2x=26$$
$$2x+16=26$$
$$x=5$$

鸡的数量为 $8-5=3$（只）。

检验 5 只兔子，3 只鸡，脚的数量为 $5\times4+3\times2=20+6=26$（只）。符合题意。

答 笔子里有 5 只兔子、3 只鸡。

蜘蛛有 8 条腿，蜻蜓有 6 条腿和 2 对翅膀，蝉有 6 条腿和 1 对翅膀。这 3 种昆虫共 18 只，有 118 条腿和 20 对翅膀。求蜘蛛、蜻蜓、蝉各有多少只？

快来挑战吧，下一个 X 特工就是你！

任务难度 ☆☆☆

讨厌的偷树贼

（解）设 x 小时后，小 X 能剩下 11 只烤好的猪蹄。

$$5x-2（x-1）=11$$
$$3x+2=11$$
$$x=3$$

（答）3 小时后，小 X 能剩下 11 只烤好的猪蹄。

合作吧，施工队！

（解）设还需要 x 小时才能将水池蓄满水。

A 水管的工作效率 $=\dfrac{1}{10}$

B 水管的工作效率 $=\dfrac{1}{5}$

$$\dfrac{1}{10}x+\dfrac{1}{5}x=1-\dfrac{1}{10}$$
$$x+2x=9$$
$$x=3$$

（答）还需要 3 小时才能将水池蓄满水。

超市花老板的烦恼

（解）设小 Y 买的零食定价为 x 元。

$$（x+190-200）\times 0.75+200=215$$
$$（x-10）\times 0.75=215-200$$
$$x-10=20$$
$$x=30$$

（答）小 Y 买的零食定价为 30 元。

银行金库案件

（解）设小 Y 的本金是 x 元。

$$5000\times 2\%\times 3+x\times 2\%\times 5$$
$$+x+5000=16300$$
$$300+0.1x+x+5000=16300$$
$$1.1x=11000$$
$$x=10000$$

（答）小 Y 的本金是 10000 元。

分地风波

（解）设原正方形菜地的边长为 x 米。

$$（3x+x）\times 2-4x=12$$
$$4x\times 2-4x=12$$
$$4x=12$$
$$x=3$$

$$2\times 3\times 3=18$$

（答）小 Z 围成的菜地面积为 18 平方米。

加油造房子

（解）设安排 x 人安装门，安装好门的房子和安装好窗户的房子数量能保持一致。

$8x \div 2 = (18-x) \times 6 \div 3$

$\qquad 4x = 36 - 2x$

$\qquad 6x = 36$

$\qquad x = 6$

则安装窗户的工人为：18－6＝12（人）。

答 安排 6 人安装门，12 人安装窗户，能使门窗同时安装完成。

赛场风云

解 设 X 特工队胜利了 x 场。

已知 X 特工队在比赛中胜场数比负场数多 2 场，则负场数为 $x-2$。

本比赛为单循环比赛，共 12 支球队，所以 X 特工队在本次比赛中共进行了 11 场比赛，

则平场数为：

$11-x-(x-2) = 11-2x+2 = 13-2x$

$x \times 3 + (13-2x) \times 1 + (x-2) \times 0 = 18$

$\qquad 3x + 13 - 2x = 18$

$\qquad x = 5$

负场数 ＝5－2＝3；

平场数 ＝13－2×5＝3。

答 在本次篮球赛中，X 特工队平了 3 场。

电视上的阴谋

解 设蜻蜓有 x 只，蜻蜓的翅膀共有 $2x$ 对。

三种昆虫加起来共有 20 对翅膀，则蝉的翅膀为（20－2x）对，即蝉的数量为（20－2x）只。

蜘蛛数量为：$18-x-(20-2x)$

$=18-x-20+2x=x-2$（只）。

动物的腿共 118 条，可列方程：

$8 \times (x-2) + 6x + 6 \times (20-2x) = 118$

$\qquad 8x - 16 + 6x + 120 - 12x = 118$

$\qquad 2x + 104 = 118$

$\qquad x = 7$

蝉的数量为：20－2×7＝6（只）；

蜘蛛的数量为：7－2＝5（只）。

答 共有 5 只蜘蛛、7 只蜻蜓、6 只蝉。

解方程

其实很简单 ③

智斗NONO博士

小小鹰 著/绘

二元一次方程
性质与运用

电子工业出版社
Publishing House of Electronics Industry
北京·BEIJING

图书在版编目（CIP）数据

解方程其实很简单.智斗NONO博士 / 小小鹰著、绘
. -- 北京 : 电子工业出版社，2024.7
　　ISBN 978-7-121-46249-8

　　Ⅰ.①解… Ⅱ.①小… Ⅲ.①方程 - 少儿读物 Ⅳ.
①O122.2-49

中国国家版本馆CIP数据核字(2023)第169108号

责任编辑：　赵　妍　季　萌
印　　刷：中煤（北京）印务有限公司
装　　订：中煤（北京）印务有限公司
出版发行：电子工业出版社
　　　　　北京市海淀区万寿路173信箱　邮编：100036
开　　本：889×1194　1/16　印张：18　字数：333.3千字
版　　次：2024年7月第1版
印　　次：2024年7月第1次印刷
定　　价：148.00元（全6册）

凡所购买电子工业出版社图书有缺损问题，请向购买书店调换。若书店售缺，请与本社
发行部联系，联系及邮购电话：（010）88254888，88258888。
质量投诉请发邮件至zlts@phei.com.cn，盗版侵权举报请发邮件至dbqq@phei.com.cn。
本书咨询联系方式：（010）88254161转1860，zhaoy@phei.com.cn。

大家好！我是 X 特工队的怪力美少女小 Z！

NONO 博士在方程村的破坏行动越来越频繁，和 X 特工队之间的较量也越来越激烈。

他伪装成环卫工人，把我们引入地下陷阱，正当我们轻易打开陷阱大门时，却发现这是个连环陷阱；一年一度的围棋大赛，他在围棋馆引发地震，还试图用棋子阵法困住我们，不过这可难不倒机智勇敢的 X 特工队；方程河上，我们展开了追逐，本来利用"逆流机"占据了速度优势，不料被多罗抢走秘密武器，切换成"顺流模式"，又被他们逃跑了。

不过幸运的是，我们在 NONO 博士身上安装了跟踪器，发现他进入了方程村地下的一条暗河。我们顺着暗河追踪，却迷了路，多亏了水獭的帮忙，我们才成功脱险。

随后，我们顺着 NONO 博士的踪迹追到了一座神秘的机关城堡内，终于抓住 NONO 博士和多罗，将他们带回了方程村。最终，我们获得了无解药水的解药，村民们恢复了正常！

为了庆祝胜利，我们在村里举办了盛大的晚会。晚会上，π 爷爷郑重宣布，X 特工队是方程村的下一任继承者！同时，我们接到了一个更艰巨的任务：带着藏宝图，去迷雾森林取回传说中的聪明药丸！

目录

人物介绍

小 X： X特工队的队长。热情勇敢，跑得快，反应灵敏，愿望是拯救世界。

专属道具

X卡片，用写有正确答案的X卡片击中敌人或陷阱，可成功闯关。

小 Y： X特工队的智商担当。数学天才，善于发现细节和演算推理，但是胆小，容易受到惊吓。最喜欢解方程和吃东西。

专属道具

Y手柄推理放大镜，借助它可以发现陷阱隐蔽处的解题线索。

小 Z：X 特工队的力气担当。她看起来可可爱爱，柔柔弱弱，但其实是个脾气火爆的怪力美少女。

专属道具

Z 能量拳击手套，戴上它可以爆发出惊人的力量。

NONO 博士：方程村的头号敌人，一个狂妄自大的数学博士。他梦想得到聪明药丸，成为这个世界上最厉害的数学天才。

专属道具

无解药水，能让人忘记方程知识。

多罗：NONO 博士的得力助手，机器鸡中的"战斗机"。不过十分懒惰，动不动就进入休眠状态。

无穷的陷阱

NONO 博士的寻宝之旅并没有那么顺利，为了阻挡 X 特工队的追击，他特意在方程村外设置了一个陷阱……

题目回顾

将一条 20 米长的锁链切割成 2 米或 3 米的小段，请问分别可以切成几段 2 米的，几段 3 米的？

思路分析

如果一个方程含有两个未知数，并且所含未知项的次数都为 1，那么这个方程叫作**二元一次方程**，如果不加限制条件的话，这个方程有无数个解。

二元一次方程的表现形式一般为 $ax+by+c=0$，其中 a、b 不为零。

使二元一次方程两边相等的两个未知数的值，叫作二元一次方程的**解**。

在本题中，需满足以下等量关系：
链条长度（2 米）×2 米链条的数量 + 链条长度（3 米）×3 米链条的数量 = 链条总长度。

题目解析

设未知数 设可以将 20 米的铁链切割成 x 段 2 米的，y 段 3 米的。

列方程 $2x+3y=20$

解方程 $x=0$ 时，$2 \times 0+3y=20$，$y=\frac{20}{3}$；

$x=1$ 时，$2 \times 1+3y=20$，$y=6$；

$x=2$ 时，$2 \times 2+3y=20$，$y=\frac{16}{3}$；

$x=3$ 时，$2 \times 3+3y=20$，$y=\frac{14}{3}$；

$x=4$ 时，$2 \times 4+3y=20$，$y=4$；

$x=5$ 时，$2 \times 5+3y=20$，$y=\frac{10}{3}$；

$x=6$ 时，$2 \times 6+3y=20$，$y=\frac{8}{3}$；

$x=7$ 时，$2 \times 7+3y=20$，$y=2$；

$x=8$ 时，$2 \times 8+3y=20$，$y=\frac{4}{3}$；

$x=9$ 时，$2 \times 9+3y=20$，$y=\frac{2}{3}$；

$x=10$ 时，$2 \times 10+3y=20$，$y=0$。

因为 x 和 y 均需为 0 或正整数，所以仅保留以上的（1，6）（4，4）（7，2）（10，0）4 组解。

检验 $2 \times 1+3 \times 6=20$，$2 \times 4+3 \times 4=20$，$2 \times 7+3 \times 2=20$，$2 \times 10+3 \times 0=20$，符合题意。

答 可以将链条分别切割成 1 段 2 米的，6 段 3 米的；或 4 段 2 米的，4 段 3 米的；或 7 段 2 米的，2 段 3 米的；或 10 段 2 米的。

高空缆车有二人舱和四人舱两种舱位可以选择。这时有 30 个人在排队，如果让这 30 人都坐上缆车，且舱内无空置座位，景区可以给他们安排多少个二人舱，多少个四人舱？

快来挑战吧，下一个 X 特工就是你！

任务难度 ☆☆☆

围棋馆里的较量

方程村一年一度的围棋大赛开始了！参赛的选手络绎不绝，NONO 博士也趁乱混了进来……

题目回顾

蓝棋子重 200 克，白棋子重 600 克。现在需要在天平两端分别放上两种颜色的棋子，使天平保持平衡，同时棋子的总个数为 8 个，就能解开阵法。请问需要两种棋子各多少个？

你们慢慢玩吧，我先走了！

思路分析

在本题中，解开阵法要满足以下等量关系：

单个蓝棋子的重量 × 蓝棋子的个数 = 单个白棋子的重量 × 白棋子的个数；

蓝棋子的个数 + 白棋子的个数 =8。

将二元一次方程组中一个方程的某个未知数用含有另一个未知数的代数式表示出来，再代入另一个方程，实现消元，进而求得这个二元一次方程组的解，这种方法叫作**代入消元法**。

题目解析

设未知数 设需要蓝棋子 x 个，白棋子 y 个。

列方程
$$\begin{cases} 200x=600y & ① \\ x+y=8 & ② \end{cases}$$
利用代入消元法，把等式①代入等式②中。

解方程
$$3y+y=8$$
$$y=2$$
$$x=3y=6$$

检验 将 $x=6$，$y=2$ 代入等式中，
$$6+2=8,$$
$$6×200=2×600,$$
符合题意。

答 需要蓝棋子 6 个，白棋子 2 个，才能解开阵法。

小 X 和小 Y 下棋，两个人总共走了 23 步，小 X 比小 Y 多走了一步，请问他们俩各走了多少步？

快来挑战吧，下一个 X 特工就是你！

任务难度 ☆☆☆

16

方程河大追逐

X 特工队为了抓住 NONO 博士，在方程河上设置诱饵来引他上钩。NONO 博士寻宝而来，X 特工队与博士在方程河上展开了追逐！

NONO博士，又见面了，束手就擒吧！

又是你们这群小鬼头坏了我的好事！

拿来吧你！

啊！

逆流机，开启顺流工作模式！

哈哈哈，想追上我，再等100年吧！

顺流速度20千米/时

小Y，现在该怎么办？

现在只有算出博士的船在静水中的速度和水流的速度，才能输入密码，让逆流机停下来！

特工小课堂

请叫我冲浪小飞侠，哈哈哈！

NONO 博士的船在顺流中的速度是每小时 20 千米，逆流中的速度是每小时 16 千米，求水流的速度，以及船在静水中的速度。

思路分析

当船的航行方向与水流的方向相同（顺流航行）时，船的速度实际等于本身的速度与水流速度之和；反之，船的航行方向与水流方向相反（逆流航行）时，船的速度实际等于本身的速度与水流速度之差。

因此，船的速度与水流的速度需满足以下等量关系：船在顺流中的速度 = 船在静水中的速度 + 水流速度。

船在逆流中的速度 = 船在静水中的速度 - 水流速度。

题目解析

设未知数 设船在静水中的速度为每小时 x 千米，水流的速度为每小时 y 千米。

列方程
$$\begin{cases} x+y=20 \ ① \\ x-y=16 \ ② \end{cases}$$

解方程 将等式②变形：

$x=16+y$ ③

将③代入等式①中：

$16+y+y=20$

$16+2y=20$

$y=2$

$x=16+y=16+2=18$

检验 将 x、y 代入方程组中，

$18+2=20$，

$18-2=16$，

符合题意。

答 水流的速度为每小时 2 千米，船在静水中的速度为每小时 18 千米。

一艘大游船在航行中出现了故障，大游船到岸边的距离为 11 千米。X 特工队需要将大游船上的人员救上岸，逆流的话需要 1 小时，顺流的话只需半小时。那么水流的速度是多少？X 特工队的船在静水中的速度是多少？

快来挑战吧，下一个 X 特工就是你！

任务难度 ☆☆☆

神秘地下河

NONO博士趁乱潜入了一条地下暗河，他开始行动了。X特工队驾驶潜艇，很快跟了过来，但地下暗河中到处都是迷宫……

特工小课堂

思路分析

在本题中，需满足以下等量关系：

平坦河段的距离 ÷ 水獭在平坦河段的速度 + 上坡河段的距离 ÷ 水獭在上坡河段的速度 = 从下游到上游的时间。

平坦河段的距离 ÷ 水獭在平坦河段的速度 + 下坡河段的距离 ÷ 水獭在下坡河段的速度 = 从上游到下游的时间。

当方程组中两个方程的某一个未知数的系数相等或互为相反数时，可以把这两个方程的两边相加或相减来消去这个未知数，从而将二元一次方程化为一元一次方程，最后求得方程组的解。这种解方程组的方法叫作**加减消元法**，简称加减法。

题目解析

设未知数 设平坦河段的距离为 x 千米，坡道河段的距离为 y 千米，则下游水坝到上游水坝的距离为（$x+y$）千米。

列方程
$$\begin{cases} \dfrac{x}{3} + \dfrac{y}{2} = 3 \\ \dfrac{x}{3} + \dfrac{y}{4} = 2 \end{cases}$$

解方程
$$\begin{cases} 2x+3y=18 \quad ① \\ 4x+3y=24 \quad ② \end{cases}$$

利用消元法，将等式②减去等式①，$2x=6$

$$x=3$$
$$y=4$$

检验 $3÷3+4÷2=3$，
$3÷3+4÷4=2$，
符合题意。

答 从下游水坝到上游水坝的路程一共是 7 千米。

灰兔子和白兔子之间相距 6 千米，如果它们同时出发，相向而行，大约 1 小时后相遇。但如果它们朝同一个方向同时出发，灰兔子 3 小时后才能追上白兔子。请问它们的速度各是多少？

快来挑战吧，下一个 X 特工就是你！

任务难度 ☆☆☆

机关城堡

X 特工队在灰兔子的指引下来到一座城堡，可进入后他们才察觉到城堡的形状总是在变化……

NONO 博士往山那边去了，那边有一座古怪的城堡……

谢谢灰兔子，再见！

嘿嘿……城堡机关游戏，现在开始！

这次一定要抓住 NONO 博士。

走，我们快进去吧。

你们想出去吗？我可以帮助你们。

是谁？谁在跟我们说话？

我是这座城堡的公主，离开城堡的机关在大门上。城堡是长方形的时候，长减少4米，宽减少2米，这样就变成了一个正方形，并且周长等于原来的一半。算出城堡原来的长和宽，就可以让城堡的机关停下来了！

谢谢！

特工小课堂

解决图形的周长问题时，需要使用周长公式：

长方形的周长 = （长 + 宽）× 2，

正方形的周长 = 边长 × 4。

题目解析

设未知数　设长方形城堡的长为 x 米，宽为 y 米。

　　　　　长方形的长减少 4 米，宽减少 2 米，就成了一个正方形，

列方程　$x-4=y-2$ ①

　　　　　$(x+y) \times 2 \div 2 = (x-4) \times 4$ ②

解方程　由①式 $y=x-2$，代入②式得：

　　　　　$2x-2=4x-16$

　　　　　　$2x=14$

　　　　　　　$x=7$

　　　　　　　$y=7-2=5$

检验　$7-4=5-2$，

　　　　$(7+5) \times 2 = (7-4) \times 4 \times 2$，

　　　　符合题意。

答　城堡原来的长为 7 米，宽为 5 米。

机关花园的花坛被 NONO 博士闯入后，自动从圆形变为了正方形。此时正方形花坛的周长比圆形花坛的周长长了 6.58 米，正方形的边长比圆形的直径长了 1 米，那么正方形的周长和圆形的直径分别是多少米？

快来挑战吧，下一个 X 特工就是你！

任务难度 ☆☆☆

药店的难题

　　X特工们队总算抓住NONO博士，逼他说出了无解药水的解药配方。可是，要制作解药却少了两种药水！

33

34

选我!

选我!

选我!

思路分析

在本题中，需满足以下等量关系:
收入 = 单价 × 数量
波洛洛数量 × 波洛洛价格 + 狄思思数量 × 狄思思价格 = 总收入。

题目解析

设未知数 设狄思思的售价为每瓶 x 元，波洛洛的售价为每瓶 y 元。

列方程
$$\begin{cases} 30x+30y=1080 \ ① \\ 50x+10y=840 \ ② \end{cases}$$

解方程 利用等式的性质2，将等式②变形，左右两边同时乘以3:
$$150x+30y=2520 \ ③$$
利用加减消元法，将等式③减去等式①:
$$150x+30y-30x-30y=2520-1080$$
$$x=12$$
将 $x=12$ 代入等式①中:
$$30×12+30y=1080$$
$$y=24$$

检验 $30×12+30×24=360+720=1080$，
$50×12+10×24=600+240=840$，
符合题意。

答 狄思思的售价为每瓶 12 元，波洛洛的售价为每瓶 24 元。

小 X 买了 4 斤草莓、3 斤苹果、1 斤香蕉，付了 98 元。小 Z 买了 2 斤草莓、1 斤苹果，付了 40 元。小 Y 要买 5 斤草莓、4 斤苹果、6 斤香蕉。已知香蕉每斤 8 元，小 Y 需要付多少钱？

快来挑战吧，下一个 X 特工就是你！

任务难度 ☆☆☆

配置解药

X 特工队如愿以偿抓到了 NONO 博士，也准备好了制作药水的材料，可让 NONO 博士制作无解药水的解药并不容易。面对狡猾的 NONO 博士，X 特工队该怎么办呢？

方案1：
NONO博士先单独工作10天，X特工队再加入，双方合作14天。

方案2：
X特工队先单独工作10天，NONO博士再加入，双方合作16天。

我根据我们各自的配药效率，制定了两份合作方案，都可以完成任务。

快出去，休想看到我的秘方！

5天后

NONO博士，请问5000瓶解药什么时候可以配好呢？

好累啊……方案3，让那几个小鬼从第6天就加入合作吧……

特工小课堂

方程村需要 5000 瓶解药，若 NONO 博士先做 10 天，X 特工队加入后共同再做 14 天，就可以完成药水配制；若 X 特工队先做 10 天，NONO 博士再加入，共同工作 16 天可以完成配制。如果博士先做 5 天，X 特工队再加入合作,还需要共同工作多少天能完成任务？

快干活，别偷懒……

这就是博士说的合作？

题目解析

设未知数 设 NONO 博士每天可以完成 x 瓶解药，X 特工队每天可以完成 y 瓶。

列方程
$$\begin{cases} 10x+14(x+y)=5000 & ① \\ 10y+16(x+y)=5000 & ② \end{cases}$$

解方程 将等式①和等式②相加：

$$10x+14(x+y)+10y+16(x+y)=5000+5000$$
$$x+y=250 \quad ③$$

将等式③分别代入等式①②中：

$$\begin{cases} 10x+14\times250=5000 \\ 10y+16\times250=5000 \end{cases}$$

$$\begin{cases} x=150 \\ y=100 \end{cases}$$

如果博士先做 5 天，X 特工队再加入合作，此时还需要的时间为：

$$(5000-5\times150)\div(100+150)=17（天）。$$

答 还需共同工作 17 天才能完成任务。

象棋馆正在进行装修，装修费用按工作时长结算。若请甲、乙两个装修队同时装修，需8天完成，需支付费用3520元；若先请甲队工作6天，再请乙队工作12天完成，需支付费用3480元。请问甲乙两支装修队的每日装修费用分别是多少钱？

快来挑战吧，下一个X特工就是你！

任务难度　☆☆☆

方程村宝藏

方程村的居民喝下解药，都恢复了正常，村里举行了盛大的庆祝晚会！晚会上，村长 π 爷爷有一件重要的事情要宣布……

今晚，我有一件重要的事情要宣布，请X特工队上台！

我……我们？

正义、勇敢、聪明的X特工队，你们是方程村最合适的继承者，现在我把藏宝图交给你们，你们去取回聪明药丸吧。

放心吧，π爷爷，我们一定会完成任务！

奇怪，怎么打不开？

哈哈，藏宝图可不是这样打开的，你看它的侧面，上面那道方程式的解就是密码。

$$x+y-z=6 \quad ①$$
$$4x-2y+z=-4 \quad ②$$
$$3x+y+z=4 \quad ③$$

真的耶，这大概是上届村长留下来考验我们的！

题目回顾

咦，怎么多了一个未知数？

解方程：
$$\begin{cases} x+y-z=6 & ① \\ 4x-2y+z=-4 & ② \\ 3x+y+z=4 & ③ \end{cases}$$

终于轮到我小Z出场了！这是一个三元一次方程组。

题目解析

思路分析

如果方程组中含有三个未知数，每个方程中含有未知数的项的次数都是1，并且方程组中一共有两个或两个以上的方程，这样的方程组叫作**三元一次方程组**。

三元一次方程组的主要解法是利用消元法逐步消元。

列方程组
$$\begin{cases} x+y-z=6 & ① \\ 4x-2y+z=-4 & ② \\ 3x+y+z=4 & ③ \end{cases}$$

解方程 利用移项法将等式①变形为：

$x+y-6=z$ ④

将④分别代入等式②和等式③中：

$4x-2y+x+y-6=-4$

$5x-y=2$

$5x-2=y$ ⑤

$3x+y+x+y-6=4$

$4x+2y=10$ ⑥

将等式⑤代入等式⑥中：

$4x+2\times(5x-2)=10$

$4x+10x-4=10$

$x=1$

$y=5\times1-2=3$

$z=1+3-6=-2$

所以，该方程组的解为：

$$\begin{cases} x=1 \\ y=3 \\ z=-2 \end{cases}$$

令村民们意外的是，NONO博士和多罗并没有离开方程村，而是偷偷躲在角落里听到了这一切！他们抓住时机跳进了通往迷雾森林的大门，并在大门上设了一个三元一次方程组，关闭了大门。你能帮村民们解开这个方程组吗？

$$\begin{cases} 3x-y+2z=7 \\ 2x+y-4z=1 \\ 7x+y-5z=10 \end{cases}$$

快来挑战吧，
下一个X特工就是你！

任务难度 ☆☆☆

无穷的陷阱

解 设景区可以给他们安排 x 个两人舱，y 个四人舱。

$2x+4y=30$

当 $x=0$ 时，$2 \times 0+4y=30$，$y=\dfrac{15}{2}$；

当 $x=1$ 时，$2 \times 1+4y=30$，$y=7$；

当 $x=2$ 时，$2 \times 2+4y=30$，$y=\dfrac{13}{2}$；

当 $x=3$ 时，$2 \times 3+4y=30$，$y=6$；

当 $x=4$ 时，$2 \times 4+4y=30$，$y=\dfrac{11}{2}$；

当 $x=5$ 时，$2 \times 5+4y=30$，$y=5$；

当 $x=6$ 时，$26+4y=30$，$y=\dfrac{9}{2}$；

当 $x=7$ 时，$2 \times 7+4y=30$，$y=4$；

当 $x=8$ 时，$2 \times 8+4y=30$，$y=\dfrac{7}{2}$；

当 $x=9$ 时，$2 \times 9+4y=30$，$y=3$；

当 $x=10$ 时，$2 \times 10+4y=30$，$y=\dfrac{5}{2}$；

当 $x=11$ 时，$2 \times 11+4y=30$，$y=2$；

当 $x=12$ 时，$2 \times 12+4y=30$，$y=\dfrac{3}{2}$；

当 $x=13$ 时，$2 \times 13+4y=30$，$y=1$；

当 $x=14$ 时，$2 \times 14+4y=30$，$y=\dfrac{1}{2}$；

当 $x=15$ 时，$2 \times 15+4y=30$，$y=0$。

答 景区可以安排二人舱和四人舱的个数分别为（1,7）（3,6）（5,5）（7,4）（9,3）（11,2）（13,1）（15,0）。

围棋馆里的较量

解 设小 X 走了 x 步，小 Y 走了 y 步。

$$\begin{cases} x+y=23 & ① \\ x-y=1 & ② \end{cases}$$

$$\begin{cases} x+y=23 & ① \\ x=1+y & ② \end{cases}$$

将 $x=1+y$ 代入等式①中

$1+y+y=23$

$$\begin{cases} y=11 \\ x=1+11=12 \end{cases}$$

答 小 X 走了 12 步，小 Y 走了 11 步。

方程河大追逐

解 设船在静水中的速度为 x 千米 / 时，水流的速度为 y 千米 / 时。

$$\begin{cases} （x+y）\times 0.5=11 & ① \\ （x-y）\times 1=11 & ② \end{cases}$$

$$\begin{cases} x+y=22 & ① \\ x-y=11 & ② \end{cases}$$

①＋②，得 $2x=33$。

$$\begin{cases} x=16.5 \\ y=5.5 \end{cases}$$

答 船在静水中的速度为 16.5 千米 / 时，水流的速度为 5.5 千米 / 时。

神秘地下河

解 设灰兔子的速度为每小时 x 千米，白兔子的速度为每小时 y 千米。

$$\begin{cases} (x+y) \times 1=6 \\ (x-y) \times 3=6 \end{cases}$$

$$x=6-y$$

$$(6-y-y) \times 3=6$$

$$6-2y=2$$

$$\begin{cases} x=4 \\ y=2 \end{cases}$$

答 灰兔子的速度是每小时 4 千米，白兔子的速度是每小时 2 千米。

机关城堡

解 设正方形花坛的边长为 x 米，圆形花坛的直径为 y 米。

$$\begin{cases} 4x=3.14y+6.58 \\ x=y+1 \end{cases}$$

$$4(y+1)=3.14y+6.58$$

$$\begin{cases} y=4 \\ x=3 \end{cases}$$

答 正方形花坛的边长为 4 米，圆形花坛的直径为 3 米。

药店的难题

解 设草莓的价格为每斤 x 元，苹果的价格为每斤 y 元。

$$\begin{cases} 4x+3y+8=98 \\ 2x+y=40 \end{cases}$$

$$\begin{cases} 4x+3y=90 \\ y=40-2x \end{cases}$$

$$4x+3 \times (40-2x)=90$$

$$4x+120-6x=90$$

$$\begin{cases} x=15 \\ y=10 \end{cases}$$

$$5 \times 15+4 \times 10+6 \times 8=75+40+48=163 \text{ 元。}$$

答 小 Y 需支付 163 元。

配置解药

解 设甲装修队的日装修费用是 x 元，乙装修队的日装修费用是 y 元。

$$\begin{cases} 8x+8y=3520 ① \\ 6x+12y=3480 ② \end{cases}$$

将等式②变形：

$$x+2y=580$$

$$x=580-2y$$

$$8 \times (580-2y)+8y=3520$$

$$\begin{cases} x=300 \\ y=140 \end{cases}$$

答 甲装修队的日装修费用是 300 元，乙装修队的日装修费用是 140 元。

方程村宝藏

解 将 $3x-y+2z=7$ 变形，得到：

$$3x+2z-7=y$$

将 $3x+2z-7=y$ 分别代入 $2x+y-4z=1$ 和 $7x+y-5z=10$：

$$\begin{cases} 5x-2z=8 \\ 10x-3z=17 \end{cases}$$

$$\begin{cases} x=2 \\ z=1 \end{cases}$$

$$y=3 \times 2+2 \times 1-7=1$$

解方程 其实 很简单 ④

小小鹰 著/绘

一元二次方程
性质与运用

勇闯迷雾森林

电子工业出版社·
Publishing House of Electronics Industry
北京·BEIJING

图书在版编目（CIP）数据

解方程其实很简单. 勇闯迷雾森林 / 小小鹰著、绘
. -- 北京 : 电子工业出版社, 2024.7
ISBN 978-7-121-46249-8

Ⅰ. ①解… Ⅱ. ①小… Ⅲ. ①方程 - 少儿读物 Ⅳ.
①O122.2-49

中国国家版本馆CIP数据核字(2023)第169109号

责任编辑：赵　妍　季　萌
印　　刷：中煤（北京）印务有限公司
装　　订：中煤（北京）印务有限公司
出版发行：电子工业出版社
　　　　　北京市海淀区万寿路173信箱　邮编：100036
开　　本：889×1194　1/16　印张：18　字数：333.3千字
版　　次：2024年7月第1版
印　　次：2024年7月第1次印刷
定　　价：148.00元（全6册）

凡所购买电子工业出版社图书有缺损问题，请向购买书店调换。若书店售缺，请与本社发行部联系，联系及邮购电话：（010）88254888，88258888。

质量投诉请发邮件至zlts@phei.com.cn，盗版侵权举报请发邮件至dbqq@phei.com.cn。

本书咨询联系方式：（010）88254161转1860，zhaoy@phei.com.cn。

大家好，我是方程村的村长 π 爷爷。

X 特工队成功破解了藏宝图上的难题，打开了迷雾森林的入口，传说中的聪明药丸就藏在那里。没想到 NONO 博士跟踪 X 特工队，也偷偷进入了迷雾森林。而且和 NONO 博士一起的，还有他创造的一只聪明的机器鸡，这真是太糟糕了！

迷雾森林里有很多奇奇怪怪的东西，比如有很多岔路的无解迷宫、有两个脑袋的巨大蛇怪、有能喷射毒液的怪草，还有十几米高的石巨人……

小 X 他们为了寻找聪明药丸，不仅要提防 NONO 博士搞破坏，还要小心迷雾森林里的重重关卡。勇敢的 X 特工队一边闯关，一边获得了各种神奇装备，比如力大无穷拳套、催眠眼镜等。

他们一路破解迷宫，勇闯地下宫殿，和巨大的鼹鼠战斗，破解毒液草的阵法……总之，这一路可谓惊险重重。

X 特工队能成功找到聪明药丸吗？ NONO 博士和机器鸡又会制造什么样的麻烦来为难 X 特工队呢？

让我们一起进入迷雾森林，和 X 特工队并肩作战吧！

目录

4

小 X：X 特工队的队长。热情勇敢，跑得快，反应灵敏，愿望是拯救世界。

专属道具

X 卡片，用写有正确答案的 X 卡片击中敌人或陷阱，可成功闯关。

小 Y：X 特工队的智商担当。数学天才，善于发现细节和演算推理，但是胆小，容易受到惊吓。最喜欢解方程和吃东西。

专属道具

Y 手柄推理放大镜，借助它可以发现陷阱隐蔽处的解题线索。

小 Z： X 特工队的力气担当。她看起来可可爱爱，柔柔弱弱，但其实是个脾气火爆的怪力美少女。

专属道具

Z 能量拳击手套，戴上它可以爆发出惊人的力量。

NONO 博士： 方程村的头号敌人，一个狂妄自大的数学博士。他梦想得到聪明药丸，成为这个世界上最厉害的数学天才。

专属道具

无解药水，能让人忘记方程知识。

多罗： NONO 博士的得力助手，机器鸡中的"战斗机"。不过十分懒惰，动不动就进入休眠状态。

误入迷宫

勇敢的X特工队背负着整个方程村的希望，来到迷雾森林，向传说中的聪明药丸进发了……

请判断下图中被圈中的四个方程式是否有实数根。

题目回顾

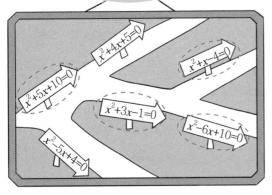

$x^2+4x+5=0$

$x^2+x-4=0$

$x^2+5x+10=0$

$x^2+3x-1=0$

$x^2-6x+10=0$

$x^2-5x+4=0$

思路分析

b^2-4ac 是一元二次方程 $ax^2+bx+c=0$（$a \neq 0$）根的判别式，

当 $b^2-4ac>0$ 时，方程 $ax^2+bx+c=0$（$a \neq 0$）有两个不相等的实数根；

当 $b^2-4ac=0$ 时，方程 $ax^2+bx+c=0$（$a \neq 0$）有两个相等的实数根；

当 $b^2-4ac<0$ 时，方程 $ax^2+bx+c=0$（$a \neq 0$）没有实数根。

在本题中，X特工队可以利用判别式对方程是否有实数根进行判定。

Tips:

根据方程中所含未知数的个数和未知数的最高指数，可以把方程分为几元几次方程。比如方程中有一个未知数，未知数的最高指数为1，这种方程叫作一元一次方程，基本形式是 $ax+b=0$；方程中有一个未知数，未知数的最高指数为2，这种方程叫作一元二次方程，基本形式是 $ax^2+bx+c=0$。

题目解析

1. $x^2+5x+10=0$，　$b^2-4ac=25-4 \times 10<0$，　方程无实数根；

2. $x^2+3x-1=0$，　$b^2-4ac=9+4 \times 1>0$，　方程有实数根；

3. $x^2+x-4=0$，　$b^2-4ac=1+4 \times 4>0$，　方程有实数根；

4. $x^2-6x+10=0$，　$b^2-4ac=36-4 \times 10<0$，　方程无实数根。

原来是这样啊！那第三个路口应该走哪边呢？

嘿嘿，这还不简单吗？当然是走方程式有实数根的那边啦！

第一个路口，咱们选择了左边，这个方程没有实数根，所以这条路上全是怪物。第二个路口，咱们走的右边，这个方程有实数根，所以咱们安然无恙。你们发现规律了吗？

X特工队成功离开了迷宫，沿着地图继续向前走。他们很快看到一座断崖，断崖上有两座桥，哪一座是安全的呢？

有实数根的方程对应的桥才是安全的，你能帮我们找出来吗？

快来挑战吧，下一个 X 特工就是你！

任务难度　☆☆☆

巨型鼹鼠

　　X 特工队在地图的指引下来到第二关—— 一个巨大的地洞口。据说这个地洞的主人是一只鼹鼠！

题目回顾

解方程：
$x^2-6x+17=8$

小 X，你能解开这个方程吗？

当然啦，解这种方程是有诀窍的！

思路分析

如果一个方程式可以写成"$a^2x^2+2abx+b^2=0$"这种形式，那么可以把它简化成"$(ax+b)^2=0$"，就能轻松算出 $x=-\dfrac{b}{a}$，这就是**配方法**。

题目解析

解 在等式左右两边同时减去 8，将方程变形：

$$x^2-6x+9=0$$

观察 $x^2-6x+9=0$，发现 9 可以写成 $(-3)^2$，而 $(-6x)$ 可以写成 $2\times1\times(-3)\times x$，

也就是说，$x^2-6x+9=0$ 可以写成：

$1^2x^2+2\times1\times(-3)x+(-3)^2=0$，

符合 $a^2x^2+2abx+b^2=0$ 的形式，

使用配方法，$x^2-6x+9=0$ 可以简化成 $(x-3)^2=0$。

解方程得：$x=3$。

检验 当 $x=3$ 时，$x^2-6x+17=3^2-6\times3+17$

$$=9-18+17$$

$$=8，$$

等式成立。

$x=3$ 为方程 $x^2-6x+17=8$ 的解。

小Z成功打败了鼹鼠，就在他们要离开鼹鼠洞时，一道金属门挡住了他们的去路。X特工队需要破解金属门上的方程式才能得到密码，走出鼹鼠洞。你能帮帮他们吗？

快来挑战吧，下一个 X 特工就是你！

任务难度 ☆☆☆

$$4x^2-16x+20=4$$

地下宫殿

X 特工队打开金属门走出了鼹鼠洞，一路追寻着 NONO 博士的踪迹来到了一座地下宫殿。

题目回顾

破解机关的关键就在这个方程上，只要解出方程，按下对应的砖块就能打开机关。

这个我知道！使用降次法就可以了。

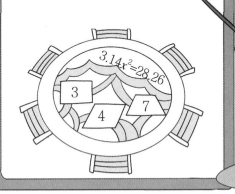

$3.14x^2=28.26$

3   7   4

思路分析

当一元二次方程是 $ax^2+c=0$（$a \neq 0$）这种形式时，可以使用**降次法**解方程。先对方程进行降次处理，然后在等式两边同时进行开方运算。

将方程变形为：

$ax^2=-c$

$x^2=-\dfrac{c}{a}$

当 a、c 异号时：

$x_1=\sqrt{-\dfrac{c}{a}}$，$x_2=-\sqrt{-\dfrac{c}{a}}$

当 a、c 同号时，方程没有实数根。

当 $c=0$ 时，$x_1=x_2=0$。

题目解析

解 根据等式性质，在等式两边同时除以 3.14，将方程变形：

$$\dfrac{3.14x^2}{3.14}=\dfrac{28.26}{3.14}$$

$$x^2=9$$

$$x_1=3, \qquad x_2=-3$$

在题目显示的 3、4、7 三个选项中，只有 3 是方程的其中一个解，按下对应的砖块即可打开机关。

检验 当 $x=3$ 时，

$3.14x^2=3.14 \times 3^2=28.26$。

等式成立，3 为方程的解。

X特工队成功拿到催眠眼镜，打败了多罗和NONO博士，准备去地图上的下一关。没想到多罗在逃跑前，又设置了一道屏风。X特工队必须解出方程，按下正确的密码才能成功离开。

快来挑战吧，下一个X特工就是你！

任务难度 ☆☆☆

双头怪蛇

X 特工队离开地下宫殿，一路追击 NONO 博士和机器鸡，闯入了一片被藤蔓缠绕的树林。

题目回顾

解方程:
$$3x(2x+1)=4x+2$$

你们看,这条双头蛇是机器鸡用魔法咒语创造的,这个方程就是咒语,如果我们能把方程分解并求出根,咒语就破解了!

可是,怎么才能将它分开呢?

思路分析

因式分解法解方程:把一元二次方程化成两个一次多项式的乘积,然后让两个一次多项式分别等于 0,从而实现降次,得出 x 的解,这种方法叫作因式分解法。

因式分解法的一般步骤:

① 移项化零。

首先移项,使方程的右边化为零。

② 因式分解。

将方程左边分解转化为两个一元一次多项式的乘积。

③转化乘积。

令每个多项式分别为零,得到两个一元一次方程。

④解方程。

分别对两个一元一次方程求解,它们的解就是原方程的解。

解 $3x(2x+1)=4x+2$

方程左边不动，把右边变形：

$3x(2x+1)=2(2x+1)$

根据等式的一般性质，在等式左右两边同时减去一个相同的数：

$3x(2x+1)-2(2x+1)=2(2x+1)-2(2x+1)$

$3x(2x+1)-2(2x+1)=0$

观察发现，等式左边的两个多项式拥有共同的$(2x+1)$，可合并同类项：

$(2x+1)(3x-2)=0$

让两个多项式分别等于零：

$2x+1=0$

$3x-2=0$

可以得到：

$x_1=-\dfrac{1}{2}$，$x_2=\dfrac{2}{3}$

双头蛇，分解吧！

坏事都是双头蛇干的，跟我们无关……

X特工队凭借自己的智慧，战胜了双头蛇，然后去追机器鸡和NONO博士，毕竟地图和催眠眼镜还在他们手里。三个人追了好长一段路，又遇上了一头双头熊，解出它身上的方程，才能打败它！

快来挑战吧，下一个X特工就是你！

任务难度 ☆☆☆

帮我们用因式分解法破解方程，打败双头熊吧！

$3x^2-6x=24$

毒液花

X特工队解决了双头熊，沿着NONO博士和机器鸡的足迹追到了一片花田，这里长着非常艳丽的花朵，不过……

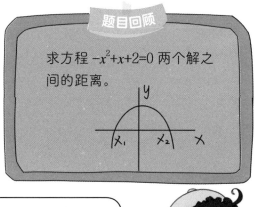

题目回顾

求方程 $-x^2+x+2=0$ 两个解之间的距离。

啊，竟然被识破了！

花喷射的毒液轨迹是一条抛物线，我们可以把抛物线转化成一个方程 $-x^2+x+2=0$，这个方程的两个解之间的距离，就是毒花与毒液落点的距离。

哦，我明白了，只要在这个距离之外，毒液就没办法伤害到我们了！

思路分析

求根公式法解方程：

对于任意一元二次方程 $ax^2+bx+c=0$（$a \neq 0$），

它的解为：$x_1 = \dfrac{-b+\sqrt{b^2-4ac}}{2a}$，$x_2 = \dfrac{-b-\sqrt{b^2-4ac}}{2a}$

$-x^2+x+2=0$

解法一 根据求根公式

$$x_1=\frac{-b+\sqrt{b^2-4ac}}{2a}, \quad x_2=\frac{-b-\sqrt{b^2-4ac}}{2a} \text{。}$$

$$x_1=\frac{-1+\sqrt{1^2-4\times(-1)\times 2}}{2x(-1)}=\frac{-1+\sqrt{1+8}}{-2}=\frac{-1+3}{-2}=-1,$$

$$x_2=\frac{-1-\sqrt{1^2-4\times(-1)\times 2}}{2x(-1)}=\frac{-1-\sqrt{1+8}}{-2}=\frac{-1-3}{-2}=\frac{-4}{-2}=2\text{。}$$

解法二 在等式左右两边同时乘以 -1，将方程转化成一般形式：
$$x^2-x-2=0$$
利用因式分解法，方程可变形成：
$$(x-2)(x+1)=0$$
所以，方程的两个解分别是 $x_1=2$，$x_2=-1$。

在数轴上，两个解之间的距离是 $2-(-1)=3$。

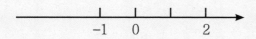

见 X 特工队成功把 NONO 博士从毒液花田里救了出来，埋伏在一旁的多罗立刻出现，带走了 NONO 博士。NONO 博士吐出毒液，慢慢清醒了过来。他吐出毒液的形状也是一条抛物线，抛物线的方程如图所示。你能求出这个方程的两个解之间的距离吗？

快来挑战吧，下一个 X 特工就是你！

任务难度 ☆☆☆☆

$$x(x-1)=2x-2$$

泥潭巨人

多罗带着NONO博士很快来到了一片沼泽地。他们走累了，就在几块巨石上坐着休息，突然，石头动起来了……

嘿嘿，小鬼，你们就在这里享受沼泽浴场吧，我先走了！

等等，说好的救我出去呢！

嘿嘿，傻大个儿，你太天真啦！

嗷呜！

巨人，你刚才说救你出去？你是遇到什么麻烦了吗？

有困难都可以告诉热心的X特工队！

我……我中了年龄的魔法，所以被困在这片沼泽无法出去……

我只记得爸爸比我大150岁，我们两个的年龄数相乘正好等于1000。只要你们能找回我的年龄，魔法封印就会解除。

特工小课堂

题目回顾

巨人的爸爸比他大 150 岁，两个人的年龄数相乘，正好等于 1000，巨人今年多少岁？

老爸，我今年多少岁了？

这个……我也忘了……

思路分析

本题需满足以下等量关系：
巨人爸爸的年龄数 = 巨人的年龄数 +150；
巨人的年龄数 × 巨人爸爸的年龄数 =1000。

提示

随着时间的变化，两人的年龄都不断增长，但是他们之间的年龄差是永远不会改变的。

题目解析

设未知数 假设巨人今年 x 岁，由题目可知，巨人的爸爸今年（150+x）岁。

列方程 $x(150+x)=1000$

解方程
$$x^2+150x-1000=0$$
$$(x+200)(x-50)=0$$
$$x_1=-200, \quad x_2=50$$

因为年龄必须为大于 0 的数，所以，$x_1=-200$ 舍去。

检验 当巨人 50 岁时，即 $x=50$ 时，巨人爸爸的年龄为 $x+150$，即 200 岁，两人年龄数的乘积为 $50×200=1000$，符合题意。

答 巨人今年 50 岁啦！

就这样，巨人驮着 X 特工队，朝着最终的藏宝溶洞而去！走了没多久，他们遇到了一条小河，河边有一只巨大的兔子正愁眉苦脸……

原来，兔子是个孤儿，小伙伴们都知道自己的年龄，只有它不知道，所以它很不开心。族长也不知道它多少岁了。5 年前，族长告诉它，它 15 年后的年龄数乘以当时的年龄数正好等于 100。你能帮兔子算出它现在的年龄吗？

快来挑战吧，
下一个 X 特工就是你！

任务难度 ☆☆☆☆☆

造桥专家河狸

X 特工队骑着巨人朝溶洞走去。他们来到一条大河前，被湍急的河水拦住了去路……

43

题目回顾

河狸帮助 X 特工队砍树修桥,第一天砍了 20 棵树,第二天和第三天按照固定的比例增加砍树数量,三天内一共要砍完 95 棵树。那么每天砍伐树木的平均增长率是多少?

狸——多——力——量——大!

思路分析

增长率 = 增长量 ÷ 原始量 ×100%,

变化后的量 = 变化前的量 × (1+ 增长率)^n,

n= 增长的天数。

题目解析

设未知数 设每天砍伐树木的平均增长率是 x。

根据题意,第一天砍了 20 棵树,第二天砍伐的树是 $20 \times (1+x)$ 棵,

那么第三天砍伐的树是 $20 \times (1+x)^2$ 棵。

列方程 $20+20 \times (1+x) +20 \times (1+x)^2=95$

解方程
$$20x^2+60x=35$$
$$x^2+3x=1.75$$
$$(x+1.5)^2-2.25=1.75$$
$$x=0.5$$

检验 当 $x=0.5$ 时,第二天砍树的数量为 $20 \times 1.5=30$ 棵,第三天砍树的数量为 $30 \times 1.5=45$ 棵。三天共砍伐 95 棵树,

符合题意。

答 如果想要满足条件,每天砍伐树木的平均增长率是 50%。

X 特工队在河狸的帮助下加紧造桥，不过很快他们发现，造桥还需要石块加固。经过河狸的计算，他们必须在三小时内搜集好石块，第一个小时总共搜集了 300 块石块，之后以每小时固定的比例提高效率，想在第三个小时搜集的石块数量达到 363 块，那么平均每小时搜集石块的增长率是多少？

快来挑战吧，下一个 X 特工就是你！

任务难度 ☆☆☆☆

答案

误入迷宫

解 $2x^2-4x+3=0$

$a=2$ $b=-4$ $c=3$

$b^2-4ac=(-4)^2-4\times2\times3$

$=16-24=-8<0$

因此，$2x^2-4x+3=0$ 没有实数根。

$3x^2-5x-2=0$

$a=3$ $b=-5$ $c=-2$

$b^2-4ac=(-5)^2-4\times3\times(-2)$

$=25+24$

$=49>0$

因此，$3x^2-5x-2=0$ 有实数根。

答 X 特工队走右边的桥才是安全的。

巨型鼹鼠

解 $4x^2-16x+20=4$

$4x^2-16x+16=0$

$2^2x^2-2\times2\times4x+4^2=0$

（符合 $a^2x^2-2abx+b^2=0$ 形式）

$(2x-4)^2=0$

$2x-4=0$

$x=2$

地下宫殿

解 $5x^2=80$

$x^2=16$

$x=\pm4$

双头怪蛇

解 $3x^2-6x=24$

$3x^2-6x-24=0$

$x^2-2x-8=0$

$(x-4)(x+2)=0$

$x_1=4$，$x_2=-2$

毒液花

解 $x(x-1)=2x-2$

$x(x-1)=2(x-1)$

$x(x-1)-2(x-1)=0$

$(x-2)(x-1)=0$

$x_1=2$，$x_2=1$

答 方程的两个解之间的距离为 1。

泥潭巨人

解 设兔子现在的年龄为 x 岁。

$(x-5)(x-5+15)=100$

$x^2+10x-5x-50-100=0$

$x^2+5x-150=0$

$(x-10)(x+15)=0$

$x_1=10$，$x_2=-15$

因为年龄只能是正整数，所以 -15 舍去。

答 兔子现在的年龄为 10 岁。

造桥专家河狸

解 设平均每小时搜集石块的增长率为 x。

第一个小时搜集的石块为 300 块，第二个小时搜集的石块为 $300(1+x)$ 块，第三个小时搜集的石块为 $300(1+x)(1+x)$ 块。

$300(1+x)(1+x)=363$

$(1+x)^2=\dfrac{363}{300}=1.21$

$(1+x)^2=(1.1)^2$

$x=0.1$

答 每小时搜集石块的平均增长率是 10%。

解方程 其实 很简单 ⑤

决战机器鸡

小小鹰 著/绘

一元二次方程
巩固训练

电子工业出版社
Publishing House of Electronics Industry
北京·BEIJING

图书在版编目（CIP）数据

解方程其实很简单.决战机器鸡 / 小小鹰著、绘
. -- 北京：电子工业出版社，2024.7
ISBN 978-7-121-46249-8

Ⅰ.①解… Ⅱ.①小… Ⅲ.①方程 - 少儿读物 Ⅳ.
①O122.2-49

中国国家版本馆CIP数据核字(2023)第169110号

责任编辑：赵　妍　季　萌
印　　刷：中煤（北京）印务有限公司
装　　订：中煤（北京）印务有限公司
出版发行：电子工业出版社
　　　　　北京市海淀区万寿路173信箱　邮编：100036
开　　本：889×1194　1/16　印张：18　字数：333.3千字
版　　次：2024年7月第1版
印　　次：2024年7月第1次印刷
定　　价：148.00元（全6册）

凡所购买电子工业出版社图书有缺损问题，请向购买书店调换。若书店售缺，请与本社
发行部联系，联系及邮购电话：（010）88254888，88258888。
质量投诉请发邮件至zlts@phei.com.cn，盗版侵权举报请发邮件至dbqq@phei.com.cn。
本书咨询联系方式：（010）88254161转1860，zhaoy@phei.com.cn。

　　大家好！我就是全书最迷人的反派角色，宇宙第一天才NONO博士！

　　在迷雾森林的最后一关魔法溶洞里，我终于在精灵手上见到了梦寐以求的聪明药丸。没想到，在众人激烈的争抢中，聪明药丸被多罗那个笨蛋……误吞了下去！

　　多罗吞下药丸之后，竟然背叛了我，并用梯子魔法将我们困在溶洞，它自己飞回去统治方程村了！

　　多罗变得太强大了，我不得不和Ｘ特工队那几个小鬼头暂时结成联盟，并肩作战。我们打败了疯狂生长的树藤怪，去云朵庄园寻找珍贵的太阳果，修复尘封已久的魔法阵，还想封存多罗的力量……

　　可惜我们拼尽全力还是没能阻止多罗回到方程村，他控制了全体村民！多罗在方程村修建空中城堡，设下陷阱等待Ｘ特工队自投罗网……在跟这几个小鬼头朝夕相处的日子里，本博士竟然被他们的正义和勇敢打动了，第一次希望他们能赢……

　　想知道Ｘ特工队最后战胜多罗了吗？方程村的危机有没有解除呢？快点儿翻开本书，一起来看故事的大结局吧！

目录

小 X：X 特工队的队长。热情勇敢，跑得快，反应灵敏，愿望是拯救世界。

专属道具

X 卡片，用写有正确答案的 X 卡片击中敌人或陷阱，可成功闯关。

小 Y：X 特工队的智商担当。数学天才，善于发现细节和演算推理，但是胆小，容易受到惊吓。最喜欢解方程和吃东西。

专属道具

Y 手柄推理放大镜，借助它可以发现陷阱隐蔽处的解题线索。

小Z：X特工队的力气担当。她看起来可可爱爱，柔柔弱弱，但其实是个脾气火爆的怪力美少女。

专属道具

Z能量拳击手套，戴上它可以爆发出惊人的力量。

NONO博士：方程村的头号敌人，一个狂妄自大的数学博士。他梦想得到聪明药丸，成为这个世界上最厉害的数学天才。

专属道具

无解药水，能让人忘记方程知识。

多罗：NONO博士的得力助手，机器鸡中的"战斗机"。不过十分懒惰，动不动就进入休眠状态。

溶洞争夺战

X特工队终于来到了魔法溶洞，地图显示聪明药丸就藏在这里！但此时，NONO博士和多罗已经把这里搅得天翻地覆了……

拿来吧你！

宝石魔法阵！

嘿嘿嘿，别这样，我只是开个玩笑！

我可以把药丸送给你们，但你们要帮我解决一个问题。

什么问题？

精灵商店售卖蓝宝石，进价为每颗 40 金币，如果以每颗 50 金币的价格售卖，每个月能卖 500 颗。但根据精灵商店老板的经验，蓝宝石的价格每提高 1 金币，销量会减少 10 颗。如果想让月利润达到 9000 金币，每颗售价应为多少金币？

聪明药丸哪有宝石
和金币重要!

思路分析

蓝宝石的销量是随着售价的变化而变化的，那么就有以下关系：

（蓝宝石的售价－蓝宝石的进价）× 蓝宝石的销量＝蓝宝石的利润，

蓝宝石现在的销量＝原来每个月售卖的 500 颗 －10×（蓝宝石现在的售价 －50 金币）。

弄清蓝宝石的销量和售价的关系是解题的关键哦！

题目解析

设未知数 设蓝宝石售价为 x 金币，利润可以达到 9000 金币。

列方程 $(x-40) \times [500-10 \times (x-50)] = 9000$

解方程
$$x^2 - 140x + 4900 = 0$$
$$(x-70)^2 = 0$$
$$x = 70$$

检验 当蓝宝石售价为 70 金币时，每颗蓝宝石的利润为 70-40 ＝ 30 金币，售卖的蓝宝石数量是 [500-10×（70-50）] ＝ 300 颗。

利润为 30×300 ＝ 9000 金币，符合题意。

答 当蓝宝石的售价为 70 金币时，月利润能达到 9000 金币。

我们算出来了，售价为70金币时，精灵商店月利润能有9000金币。

哈哈，很聪明嘛，居然算出来了。药丸是你们的啦！

休想！

‼

啊啊啊！不要！

精灵商店的最新优惠活动来啦！

顾客一次性购买5颗宝石，每颗宝石售价为60金币。在这个基础上，顾客每多买一颗宝石，每颗宝石的售价降低5金币。顾客想把350金币全部用来购买宝石，请问他可以买几颗？

快来挑战吧，下一个X特工就是你！

任务难度 ☆☆☆☆☆

机器鸡的陷阱

眼看 X 特工队就要拿到聪明药丸了，可在众人争抢过程中，机器鸡多罗一不小心，把药丸吞了下去……

怕你们在洞里无聊，就让这个梯子机关陪你们玩吧。嘿嘿！

可恶，大门被堵住了，肯定是多罗干的！

让它到达方程村就麻烦了，小Z，快点儿把门打开。

大家快看，这里有梯子机关的解法！

可恶，我的拳套打不破这扇门！

完了完了，我的聪明药丸！

愚蠢的人类，这里是梯子机关的玩法，能解开就追上来吧！石梯长 10 米，头部距离地面的高度是 8 米。当石梯下滑为几米时，头部下滑的高度和尾部前移的距离相等？

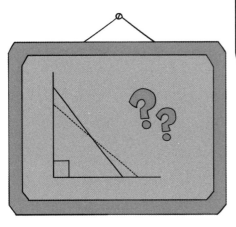

小 X，你看梯子和墙壁、大地一起组成了什么图形？

我知道了，是直角三角形！

思路分析

石梯下滑的过程中，石梯与墙壁、大地始终构成一个直角三角形，下滑后，石梯头部距离地面的高度、石梯尾部距离墙壁的距离和石梯的长度的关系满足勾股定理。

提示

已知石梯长 10 米，头部距离地面 8 米，根据勾股定理可以算出尾部距离墙面 6 米。当石梯下滑 x 米后，头部距离地面的高度为 $(8-x)$ 米，如果满足头部下滑的高度和尾部前移的距离相等，则尾部和墙壁的距离为 $(6+x)$ 米，石梯的长度不变。

题目解析

设未知数 设石梯下滑 x 米时，头部下滑的距离和尾部前移的距离相等。

列方程 $(8-x)^2 + (6+x)^2 = 10^2$

解方程
$$2x^2 - 4x = 0$$
$$2x(x-2) = 0$$
可得 $x_1 = 0$（舍去），$x_2 = 2$

- - - - - -

检验 当石梯下滑 2 米时，头部距离地面的高度为 $(8-2) = 6$ 米，而尾部距离墙壁的距离为 $(6+2) = 8$ 米，石梯的长度 10 米不变，根据勾股定理得 $6^2 + 8^2 = 10^2$，符合题意。

答 当石梯下滑 2 米时，头部下滑的高度和尾部前移的距离相等。

X 特工队和 NONO 博士在通道里游了很久，终于回到了地面。正在休息的时候，来了一只乌龟求助，他在守护乌龟家族的一座木桥。如下图所示，B 木头长 5 米，B 木头的头部距离地面的高度是 4 米。按照乌龟家族的规矩，B 木头靠在 A 木头上往下滑，当头部下滑的距离和尾部前移的距离相等时，木桥是最稳固的。你能帮它求出此时 B 木头下滑的距离是多少吗？

快来挑战吧，下一个 X 特工就是你！

任务难度 ☆☆☆☆☆

疯狂的树藤

X特工队离开溶洞之后去追多罗，阻止它破坏方程村。NONO博士被多罗抛弃后非常生气，决定和X特工队组成联盟！

原来树藤怪有这种规律，交给我吧，让我用一元二次方程解决它！

思路分析

小分支数 = 支干数^2，
主干数 + 支干数 + 小分支数 = 111。

提示

主干有 1 条，支干有若干条，而支干长出的小分支数为支干数 × 支干数，弄清小分支数和支干数的关系是解题的关键哦！

题目解析

设未知数 设支干的数量是 x 条。

列方程 $x^2 + x + 1 = 111$

解方程 $(x+11)(x-10) = 0$
$x_1 = 10$，$x_2 = -11$（舍去）

检验 当支干的数量是 10 条时，10 条支干长出的分支总数是 $10 \times 10 = 100$（条）。$100 + 10 + 1 = 111$（条），符合题意。

答 支干的数量是 10 条。

看我的X卡片攻击！

谢谢，谢谢你们！

多罗现在变得太厉害了，我们必须想办法主动出击才行！

特工大闯关

X特工队凭借自己的智慧，再一次瓦解了多罗的阴谋。这时，NONO博士忽然想起在地图上曾经看到一个魔法阵，也许可以封印多罗的破坏力量，于是大家决定去那里。然而多罗比他们先到一步，用一棵树的树干缠绕住了魔法阵。一条主干能长出若干条支干，每条支干又能长出相同数量的小分支，这些树干加起来共133条。你能算出每条小支干能生出多少分支吗？

快来挑战吧，
下一X个特工就是你！

任务难度 ☆☆☆☆☆

就是这里没错了！地图上的魔法阵，就在这些树藤下面！

云朵庄园

X 特工队和 NONO 博士联手清理了魔法阵上的树藤，却发现魔法阵被破坏了。

别找了，这里没有太阳果，要足够多的星星果才能孕育出一个太阳果。

小……小精灵？

我的果园被多罗诅咒了，原本有100棵树，每棵树结1000个星星果。我为了提高产量决定多种几棵树，但每多种一棵，就少两个星星果，而且太阳果也没有了！

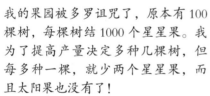

小精灵，别哭啦。想要孕育太阳果，你的果园要达到多少产量才行？

目前来看，星星果增产15.2%，才有可能孕育一个太阳果。

小菜一碟，包在我们身上！

25

题目回顾

小精灵的果园有 100 棵树，每棵树能结出 1000 个星星果。由于被多罗施了魔法，每多种一棵树，就会少结两个星星果。为了让星星果增产 15.2%，要多种多少棵果树呢？

思路分析

多种树后，每棵树结的星星果数 = 1000−2×多种树的数目

果园的果树总数 = 100+多种树的数目

题目解析

设未知数 设要多种 x 棵果树。

列方程 $(100+x)(1000-2x)=100×1000×(1+15.2\%)$

解方程 $x^2-400x+7600=0$

$(x-20)(x-380)=0$

$x_1=20$，$x_2=380$（舍去）

种 20 棵和 380 棵都能达到增产 15.2% 的目的，但是从经济的角度考虑，种 20 棵就行了。

检验 多种 20 棵树后，星星果的总数为：$(100+20)(1000-2×20)=115200$。

100 棵果树增产 15.2% 的星星果总数为：$100×1000×(1+15.2\%)=115200$，两者相等，符合题意。

答 为了让星星果增产 15.2%，要多种 20 棵果树。

看，果园孕育太阳果了！

有了太阳果的帮助，就能复原魔法阵，困住多罗了！

X 特工队得到了太阳果，接下来就是修复魔法阵。不过，小精灵还有一个请求：把另一片果园也治理好。

快来挑战吧，下一个 X 特工就是你！

任务难度 ☆☆☆☆☆

这个小果园只有 10 棵树，每棵结果 100 枚，多种一棵树会损失两枚，现在想要让果实增产 15.2%，应该多种几棵树呢？

神奇魔法阵

X特工队从小精灵这里获得太阳果，带着仍然昏迷的多罗来到了魔法阵。

太阳果，赐予魔法阵力量吧！

魔法阵修复了，但怎么启动呢？

这么复杂，能成功吗？

魔法阵是一个直角三角形，BC边长7米，AC边长5米。需要有两个人，一个人站在A点向C点走，速度是1米/秒，另一个人同时从C点向B点走，速度是2米/秒。当这两个人所在的点Q和F与C点构成的三角形QCF的面积是4平方米时，Q和F两个点在的位置，就是启动魔法阵的开关。

题目回顾

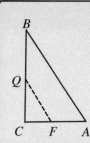

魔法阵是一个直角三角形，BC 边长 7 米，AC 边长 5 米。一个人站在 A 点向 C 点走，速度为 1 米/秒，另一个人同时从 C 点向 B 点走，速度为 2 米/秒。问：几秒后这两个人所在的点 Q 和 F 与 C 点组成的三角形 QCF 的面积是 4 平方米？

魔法阵，不然你自己毁灭吧！

魔法阵又没有生命，不能被催眠啦，你这个笨蛋！

思路分析

F 点和 Q 点同时移动，Q 点的速度是 F 点速度的两倍，相同时间内 Q 点移动的距离是 F 点移动距离的两倍。

移动后，三角形 QCF 是一个直角三角形。

提示

Q 点和 F 点移动后，CF 的长度 $=AC$ 的长度 $-F$ 点移动的距离，

CQ 的长度 $=Q$ 点移动的距离 $=F$ 点移动距离 的 2 倍。

题目解析

设未知数 设 x 秒之后，QCF 的面积为 4 平方米。

列方程 $2x(5-x)\div 2=4$

解方程 $x^2-5x+4=0$

$(x-4)(x-1)=0$

$x_1=1,\ x_2=4$

（当 $x=4$，$QC=2x=8$，超过了 BC 的长度，所以 $x=4$ 舍去。）

检验 $x=1$ 时，$CF=5-1=4$，$CQ=2$，三角形 QCF 面积为：

$4\times 2\div 2=4$（平方米）。

答 1 秒后，QCF 的面积是 4 平方米。

好不容易启动了魔法阵，却不小心打偏了！多罗用一个新的魔法阵困住了 X 特工队，并掳走了 NONO 博士。

新的魔法阵如下图所示，AB 长 5 米，AC 长 8 米。现在一个人从 B 点向 A 点移动，他所在的点用 P 表示，速度为 1 米／秒，同时另一人从 A 点向 C 点移动，他所在的点用 Q 表示，速度为 2 米／秒。请问：几秒后，PQ 的长度为 5 米？

任务难度 ☆☆☆☆☆

快来挑战吧，
下一个 X 特工就是你！

拯救 NONO 博士

X 特工队的魔法阵没能困住机器鸡多罗，它绑架了 NONO 博士，飞出了迷雾森林。

这是一种很厉害的激光发射器，如果没有说明书，很难破解……

说明书吗？我差点儿忘了，多罗让我把这个交给你们！

门是一个长 3.2 米、宽 2 米的长方形，被六道激光封锁住了。六道激光两两一组，形成了三条宽度相同的激光带。如果激光带将门框正好分成六等分，且六等分面积之和是 5.7 平方米时，激光就会消失。问：此时每一组内两道激光之间的距离是多少？

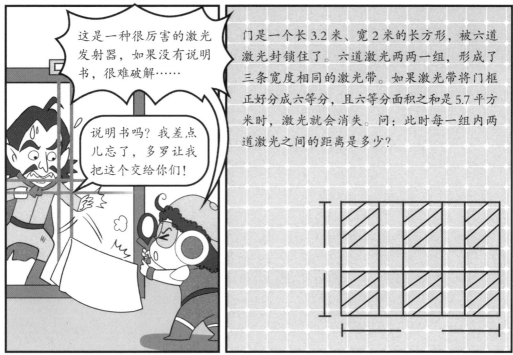

哈哈,我的激光阵无人能敌,不信就来挑战看看吧!

题目解析

设未知数 设每一组内两道激光之间的距离是 x 米。

列方程 $\dfrac{3.2-2x}{3} \times \dfrac{2-x}{2} \times 6 = 5.7$

解方程
$2x^2 - 7.2x + 0.7 = 0$
$(2x-7)(x-0.1) = 0$
$x_1 = 0.1,\ x_2 = 7\ (x < 3.2,\ 舍去)$

检验 两道激光之间的距离是 0.1 米时,

小长方形的长为:

$\dfrac{3.2 - 2 \times 0.1}{3} = 1$(米),

小长方形的宽为:$\dfrac{2 - 0.1}{2} = 0.95$(米),

六个小长方形的面积之和为:

$6 \times 1 \times 0.95 = 5.7$(平方米),

符合题意。

答案 每一组内两道激光之间的距离是 0.1 米。

思路分析

门被激光带平分成了六个小长方形,小长方形的长 = (3.2 米 − 两道激光之间的距离 ×2)÷3,小长方形的宽 = (2 米 − 两道激光之间的距离)÷2。

提示

正确掌握六等分的小长方形的长和宽是解题的关键。

在宽为 2 米、长为 3 米的长方形门上，有四道激光，两两一组，形成两条宽度相等的激光带，将门平均分成四个小长方形。当四个小长方形的面积之和为 5.51 平方米时，激光就会消失，门就能打开。求：此时激光带的宽度是多少米？

快来挑战吧，
下一个 X 特工就是你！

任务难度 ☆☆☆☆☆

决战方程村

NONO博士告诉X特工队，村民们全都被多罗抓走，去帮他修建巨型空中城堡了。他们不知道的是，狡猾的多罗早就在城堡附近布下了陷阱……

村民们，不要放弃！我们还有最后一招可以打败多罗！

村长？

村长 α 曾经跟我说，聪明药丸并不是万能的。只有大家团结，充满勇气和智慧，才能够永远守护我们的村庄。所以现在，我需要大家的帮助！

为了我们的村庄！

我加入！

我也参加！

好，大家现在听我说。我们只要合作制造出1225个能量球，就能够打败多罗！参与的村民中，每个人跟其他任何一个人合作，都能制造出一个能量球，两个人不能重复合作……

π 爷爷，那我们现在需要多少人一起制造能量球呢？

题目解析

设未知数 设需要有 x 人一起制造能量球。

列方程 $x(x-1)\div 2=1225$

解方程 $x^2-x-2450=0$

$(x-50)(x+49)=0$

$x_1=50$，$x_2=-49$（舍去）

检验 $50\times(50-1)\div 2=1225$（个），符合题意。

答 需要有 50 人一起制造能量球。

思路分析

每个人都与其他人合作一次，即每个人参与合作的次数＝总人数－1。

制造能量球的个数＝所有人合作的总次数＝每个人参与合作的次数×总人数÷2。

情况不妙，我还是快逃吧……

方程村举办烟火比赛，参加比赛的每个村民，都需要跟其他人一一较量，一共比赛了 190 场，求：一共有多少个村民参加比赛?

快来挑战吧，下一个 X 特工就是你!

任务难度 ☆☆☆☆☆

答案

溶洞争夺战

解 设他可以买 x 颗。

$$x[60-5\times(x-5)] = 350$$
$$85x-5x^2-350 = 0$$
$$x^2-17x+70 = 0$$
$$(x-7)(x-10) = 0$$
$$x_1=7, \ x_2=10$$

答 他可以买 10 颗（x 的值取 10 更划算）。

机器鸡的陷阱

解 设 B 木头下滑 x 米时，头部下滑的距离和尾部前移的距离相等。

$$(4-x)^2+(3+x)^2=5^2$$
$$2x^2-2x=0$$
$$2x(x-1)=0$$
$$x_1=1, \ x_2=0 \text{（舍去）}$$

答 B 木头下滑 1 米时，头部下滑的距离和尾部前移的距离相等。

疯狂的树藤

解 设每条支干能长出 x 条小分支。

$$x^2+x+1=133$$
$$x^2+x-132=0$$
$$(x+12)(x-11)=0$$
$$x_1=11, \ x_2=-12 \text{（舍去）}$$

答 每条支干能长出 11 条小分支。

云朵庄园

解 设应该多种 x 棵树。

$$(10+x)(100-2x)=10 \times 100 \times (1+15.2\%)$$
$$x^2-40x+76=0$$
$$(x-2)(x-38)=0$$
$$x_1=2, \ x_2=38 \ (舍去)$$

答 想要让果实增产 15.2%，应该多种 2 棵树。

神奇魔法阵

解 设 x 秒后，QF 的长度为 5 米。

$$(5-x)^2+(2x)^2=5^2$$
$$5x^2-10x=0$$
$$5x(x-2)=0$$
$$x_1=2, \ x_2=0 \ (舍去)$$

答 2 秒后，QF 的长度为 5 米。

拯救 NONO 博士

解 设此时激光带的宽度是 x 米。

$$\frac{2-x}{2} \times \frac{3-x}{2} \times 4=5.51$$
$$6-2x-3x+x^2=5.51$$
$$x^2-5x+0.49=0$$
$$(x-0.1)(x-4.9)=0$$
$$x_1=0.1, \ x_2=4.9 \ (x<2, \ 舍去)$$

答 此时激光带的宽度是 0.1 米。

决战方程村

解 设一共有 x 个村民参加比赛。

$$x \times (x-1) \div 2=190$$
$$x^2-x-380=0$$
$$(x-20)(x+19)=0$$
$$x_1=20, \ x_2=-19 \ (舍去)$$

答 一共有 20 个村民参加比赛。

解方程其实很简单 ⑥

X特工脑力训练营

小小鹰 著/绘

脑力
宝藏题库

$$16x^2 = 1$$
$$2x + 6 - (x+3)^2 = 0$$
$$x^2 - 4x - 1 = 0$$
$$2x^2 - 9x + 10 = 0$$

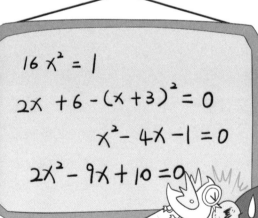

电子工业出版社
Publishing House of Electronics Industry
北京·BEIJING

图书在版编目（CIP）数据

解方程其实很简单. X特工脑力训练营 / 小小鹰著、
绘. -- 北京：电子工业出版社, 2024.7
　　ISBN 978-7-121-46249-8

Ⅰ.①解… Ⅱ.①小… Ⅲ.①方程 - 少儿读物 Ⅳ.
①O122.2-49

中国国家版本馆CIP数据核字(2023)第169111号

责任编辑：赵　妍　季　萌
印　　刷：中煤（北京）印务有限公司
装　　订：中煤（北京）印务有限公司
出版发行：电子工业出版社
　　　　　北京市海淀区万寿路173信箱　邮编：100036
开　　本：889×1194　1/16　印张：18　字数：333.3千字
版　　次：2024年7月第1版
印　　次：2024年7月第1次印刷
定　　价：148.00元（全6册）

凡所购买电子工业出版社图书有缺损问题，请向购买书店调换。若书店售缺，请与本社
发行部联系，联系及邮购电话：（010）88254888，88258888。
质量投诉请发邮件至zlts@phei.com.cn，盗版侵权举报请发邮件至dbqq@phei.com.cn。
本书咨询联系方式：（010）88254161转1860，zhaoy@phei.com.cn。

目录

一元一次方程及其解法

一、填空题

❶ 使方程左右两边相等的（　　　）的值，叫作方程的解。

❷ 求未知数的值的过程，叫作（　　　）。

❸ 方程（　　　）是等式，等式（　　　）是方程。

❹ 若代数式 $3x+6$ 的值为 18，则 x 的值为（　　）。

二、选择题

❶ 乘数＝积○乘数，被除数＝商○除数，两个等式中，"○"里应该填（　　）。

A. ÷；÷　　　B. ×；÷　　　C. ÷；×

❷ 下面的式子中，是方程的是（　　）。

A. $31x$　　　B. $31-8=27$　　　C. $2x+3=23$

❸ 下列方程中，（　）是一元一次方程。

A.$x=6$　　　B.$\dfrac{6}{x}x+12=0$　　　C.$3x+y=15$

❹ $x=2$ 是下面方程（　）的解。

A.$2x=4$　　　B.$4+x=10$　　　C.$10-x=4$

❺ 解方程 $15-7(x+1)=3(x+2)$，去括号正确的是（　）。

A.$15-7x-1=3x+2$　　　B.$15-7x+7=3x+6$　　　C.$15-7x-7=3x+6$

🌐 **三、解方程**

$14.8÷x=4$　　　　　　$73-2x=3$

$4x=88$　　　　　　$x+36=75$

🌐 **四、连线**

x 的 3 倍是 9。　　　　　$x+3=9$

x 与 3 的和是 9。　　　　$3x=9$

x 比 3 多 9。　　　　　　$x-3=9$

❶ 一个数的 3 倍加上 7，和是 28，这个数是多少?

❷ 200 减去 4 与某个数的积，得数为 0，求这个数。

六、解方程

❶ 如果 $8x \div 6 = 4$，那么 $9x \times 15$ 等于多少?

❷ 如果 $\dfrac{x-1}{2}$ 与 $\dfrac{x+3}{4}$ 的值相等，那么 x 为多少?

一元一次方程的应用

❶ ★★★★★★★★★★
　　共计 70 元

一颗★多少元?

❷  比萨一共
72 元

每片比萨多少元?

二、我会连

苹果和香蕉每千克的售价分别是 15 元、21 元，小 Y 各买了 x 千克。

① 15x　　　　　　　　表示苹果和香蕉一共多少元。

② 21x　　　　　　　　表示苹果的总价格。

③（21−15）x　　　　　表示香蕉比苹果多花多少元。

④（15+21）x　　　　　表示香蕉的总价格。

方程村组织足球联赛，X特工队一共比了11场，保持连续不败的状态，一共得了23分。已知比赛规则为赢一场得3分，平一场得1分。假设X特工队一共赢了 x 场，根据题目所给条件，用含有 x 的式子填空。

（1）X特工队平了（　　　　）场。

（2）X特工队得胜场次一共得了（　　　　）分。

（3）X特工队平局场次共得了（　　　　）分。

（4）X特工队得胜场次和平局场次各得多少分？根据所给条件，列方程并求解。

四、用方程解决下列问题

❶ 三个连续的自然数的和为51，则这三个数分别是多少？

❷ 若代数式 $\dfrac{2x-3}{6} - \dfrac{x-2}{4}$ 的值为1，则 x 的值为多少？

五、应用题

❶ 小丫买5支棒棒糖和3罐曲奇一共用了10.7元，已知每罐曲奇0.9元，那么每支棒棒糖多少元？

❷ 花店新到了蓝花和黄花，一共 135 枝，已知蓝花数量是黄花的 8 倍，两种花各多少枝？

❸ 一只烤乳猪，小 X 分到 $\frac{1}{5}$，小 Y 比小 X 多分到 3 斤，两个人分完还剩 9 斤，原来这只烤乳猪共有多少斤？

❹ 学校举办篮球比赛，每场比赛都要分出胜负（没有平局），每赢一场比赛得 3 分，输一场比赛则只能得 1 分。四年级 1 班经过 10 场比赛一共得了 22 分，那么四年级 1 班一共赢了多少场，输了多少场？

一元一次方程综合训练

一、选择题

❶ 解方程 $1-\dfrac{x-3}{4}=\dfrac{x+1}{2}$，去分母正确的是（　　）。

A.$1-x+3=2x+1$　　　B.$4-x+3=2x+2$　　　C.$4-4x+12=4x+4$

❷ ① $xy=2$　② $1-\dfrac{1}{3}=\dfrac{2}{3}$　③ $\dfrac{x}{4}=x-3$　④ $x=16$　⑤ $x+4y=0$　⑥ $x+8<19$，其中一元一次方程有（　　）个。

A.2　　　B.3　　　C.4

❸ 下列方程有解的是（　　）。

A.$x-5=5-x$　　　B.$x+5=x-5$　　　C.$4（x+1）=4x$

❹ 方程 $5x-6=2x+3$ 的解是（　　）。

A.2　　　B.3　　　C.4

❺ 如果 $3x-3=2x+4$，那么 $2x+1$ 的值是（　　）。

A.3　　　B.7　　　C.15

二、解方程

$\dfrac{3x+1}{3}-\dfrac{2x-1}{6}=1$ 　　　　　$16.3x-2.3x+6x=20$

$3x+6=2x+10$ 　　　　　$9+9y=13y+4$

三、想一想，算一算

$$x = 15$$
$$2x = \boxed{}$$
$$x+2 = \boxed{}$$
$$\frac{x}{2} = \boxed{}$$

$$4y = 16$$
$$y = \boxed{}$$
$$\frac{y}{3} = \boxed{}$$
$$4y-5 = \boxed{}$$

 四、连线题

X 特工队和 NONO 博士同时开车从 A、B 两地相对出发，X 特工队每小时行驶 a 千米，NONO 博士每小时比 X 特工队少行驶 8 千米，x 小时后 X 特工队和 NONO 博士相遇了。

（1）NONO 博士每小时行驶多少千米？　　　　　$(2a-8)x$

（2）A、B 两地之间的距离是多少？　　　　　　ax

（3）相遇时 NONO 博士行驶了多少千米？　　　　$(a-8)x$

（4）相遇时 X 特工队行驶了多少千米？　　　　　$a-8$

 五、列方程，并求解

❶ x 与 8 的和的一半等于 18，写出关于 x 的方程，并求解。

❷ 用等式表示"x 的 5 倍与 7 的差等于 18"，并求出 x 等于多少。

❸ x 的 5 倍比 x 的一半多 1，请写出方程，并求解。

六、应用题

❶ 精灵的玩具架有两层，上层玩具的数量比下层多 11 个，已知两层一共有 35 个玩具，上层和下层分别放了多少个玩具？

❷ 学校开展数学知识竞赛，一共有 20 道题，满分 100 分，每道题答对得 5 分，答错扣 2 分，不答则记 0 分。小 X 只有 1 道题没有作答，最后得了 88 分，那么小 X 一共答对了多少道题？

❸ 欢欢今年 12 岁，老师今年 39 岁，再过几年老师的年龄是欢欢的两倍？

七、思考题

将四个一样的小长方形拼成一个大长方形，已知小长方形的长是宽的两倍，大长方形的周长是 24 厘米，那么小长方形的面积是多少？

二元一次方程组及其解法

一、填空题

❶ 用代入消元法解方程组 $\begin{cases} x+3y=25 \\ 2x+5y=43 \end{cases}$ 的步骤如下：

①将 $x+3y=25$ 变形为（　　　　）。

②将（　　　　）代入 $2x+5y=43$ 得（　　　　）。

③求出 $y=$（　　　　）。将 y 的解代入 $x+3y=25$。

④则方程组的解为 $\begin{cases} x=(\quad\quad) \\ y=(\quad\quad) \end{cases}$

❷ 用加减消元法解方程组 $\begin{cases} 4x-3y=6 \\ 3x+4y=17 \end{cases}$ 的步骤如下：

①将方程 $4x-3y=6$ 的两边分别乘以 4 得（　　　　）。

②将方程 $3x+4y=17$ 的左右两边分别乘以 3 得（　　　　）。

③将转化好的两个方程相加得（　　　　）。

④则可以求出 $x=$（　　　　）。将 x 的值代入任意一个方程后可求出 y。

⑤则方程组的解是 $\begin{cases} x=(\quad\quad) \\ y=(\quad\quad) \end{cases}$

二、选择题

❶ 已知 $x=4-k$，$y=k+3$，那么 x 与 y 的关系是（　　　　）。

A. $x+y=7$　　B. $x-y=7$　　C. $x+y=1$　　D. $x-y=1$

❷ 将方程 $15x+4y=5$ 变形成用含有 x 的代数式表示 y，那么 $y=$（　　　）。

A. $\dfrac{15x-5}{4}$　　B. $5-15x$　　C. $15x-5$　　D. $\dfrac{5-15x}{4}$

❸ 在方程① $xy=5$ ② $x+\dfrac{1}{y}=19$ ③ $3x+2y=5$ ④ $x^2=25$ 中，（　）是二元一次方程。

A.①　　　B.②　　　C.③　　　D.④

❹ 已知 $\begin{cases} x=2 \\ y=7 \end{cases}$ 是关于 x，y 的方程，$kx+y=9$ 的一个解，则 k 的值为（　）

A.2　　　B.−2　　　C.1　　　D.−1

❺ 代数式 $2-3x$ 与 $2x-3$ 的值相等，则 x 等于（　）。

A.$\dfrac{1}{5}$　　　B.$-\dfrac{1}{5}$　　　C.1　　　D.−1

🎒 **三、解下列二元一次方程组**

$$\begin{cases} 4x-2y=6 \\ 9x+4y=73 \end{cases}$$

$$\begin{cases} 5(x-3)=y+5 \\ 2(y-10)=2(x+2) \end{cases}$$

$$\begin{cases} y=3x+12 \\ 7x+4y=200 \end{cases}$$

$$\begin{cases} \dfrac{x+y}{2} + \dfrac{x-y}{3} = 6 \\ 4(x+y) - 5(x-y) = 2 \end{cases}$$

❶ 若 $6x^{8m-2} + 4y^{\frac{n}{4}-2} = 17$，是关于 x，y 的二元一次方程，则 m，n 的值分别是多少？

❷ 二元一次方程 $5x + 2y = 21$ 有几组正整数解？请分析并解答。

二元一次方程组的应用

❶ 若 $\begin{cases} x=2 \\ y=5 \end{cases}$ 是方程 $3x+ay=41$ 的一组解，则 $a=$（　　）。

❷ 已知一斤西瓜 2 元，一斤榴梿 19 元，小 Y 买了 x 斤西瓜和 y 斤榴梿，共花了 67 元，请列出关于 x，y 的二元一次方程（　　　　）。

❸ 老师用 160 元买了跳棋和象棋，一共 17 盒，已知一盒跳棋 8 元，一盒象棋 12 元。则买了跳棋（　）盒，买了象棋（　）盒。

❹ 二元一次方程 $x+2y=10$ 的正整数解有（　）组，分别是（　　　　）。

❺ 由 $\dfrac{x}{3}+\dfrac{y}{5}=1$ 可以得到用 x 表示 y 的式子为（　　　　）。

❻ 关于 x，y 的二元一次方程组 $\begin{cases} x+y=3a \\ x-y=a \end{cases}$ 的解也是二元一次方程 $x+2y=6$ 的解，则 a 的值是（　　）。

二、想一想，写出方程

小 X 带了 50 元去农场采摘桃子。小桃子 3 元一斤，大桃子 5 元一斤。

❶ 小 X 花完了 50 元，他买了大、小桃子各多少斤？设：小 X 买了 x 斤小桃子，y 斤大桃子，则列式为：（　　　　　　　）。

❷ 小 X 去买桃子的路上丢了 20 元, 剩余的钱全部买了桃子, 小 X 买了大、小桃子各多少斤? 设: 小 X 买了 x 斤小桃子, y 斤大桃子, 则列式为: (　　　　　　)。

❸ 村长又给了小 X x 元, 小 X 买了 15 斤大桃子和 y 斤小桃子, 则可以写出关于 x, y 的方程为: (　　　　　　)。

三、应用题

❶ 药店用 2500 元进了 A 和 B 两种药品共 50 瓶, 这两种药品的进价和售价如下表所示:

	A	B
进价 (元 / 瓶)	40	65
售价 (元 / 瓶)	60	100

（1）A 药品和 B 药品各进了多少瓶?

（2）如果这些药品全部售出能赚多少元?

❷ 超市茶具大促销，茶壶每个 17 元，茶杯每个 5 元，并且每购买一个茶壶赠送一个茶杯。妈妈一共付款 170 元，买了茶壶和茶杯共 20 个（含赠品），茶杯、茶壶各买了几个？

❸ 如图所示，长 75 厘米的长方形图案是由 6 个完全相同的小长方形组成的，那么其中一个小长方形的面积是多少？

长：75 厘米

四、思考题

请写出一个以 $\begin{cases} x=3 \\ y=2 \end{cases}$ 为解的二元一次方程。

18

二元一次方程组综合训练

❶ 用代入法解方程组 $\begin{cases} 9x+3y=15 \\ x+2y=5 \end{cases}$，较为简便的方法是（ ）。

A. 把上面的方程变形

B. 把下面的方程变形

C. 可以把上面的方程变形，也可以把下面的方程变形

D. 把上面和下面的方程同时变形

❷ 下列是二元一次方程组 $\begin{cases} x+2y=13 \\ x=2y+1 \end{cases}$ 的解的是（ ）。

A. $\begin{cases} x=3 \\ y=7 \end{cases}$ B. $\begin{cases} x=7 \\ y=6 \end{cases}$ C. $\begin{cases} x=7 \\ y=3 \end{cases}$ D. $\begin{cases} x=6 \\ y=7 \end{cases}$

❸ 已知方程 $5x-3y=6$，用含有 y 的式子表示 x 为（ ）。

A.$y=\dfrac{5x-6}{3}$ B.$y=-\dfrac{5x-6}{3}$ C.$x=\dfrac{6-3y}{5}$ D.$x=\dfrac{6+3y}{5}$

❹ 用代入法解二元一次方程组 $\begin{cases} 6x+8y=22 \\ 8x-y=6 \end{cases}$ 时，最恰当的变形是（ ）。

A. 由 $6x+8y=22$ 得 $x=\dfrac{22-8y}{6}$

B. 由 $6x+8y=22$ 得 $y=\dfrac{22-6x}{8}$

C. 由 $8x-y=6$ 得 $x=\dfrac{6+y}{8}$

D. 由 $8x-y=6$ 得 $y=8x-6$

❺ 由（关于 x，y 的）方程组 $\begin{cases} 9x+m=4 \\ y+2=m \end{cases}$，可得 x 与 y 的关系是（ ）。

A.$9x+y=2$ B.$9x+y=-2$ C.$9x-y=2$ D.$9x-y=-2$

$$\begin{cases} x+3y=37 \\ 3x-y=51 \end{cases}$$ （用代入消元法） $$\begin{cases} 2x+3y=87 \\ 3x-2y=72 \end{cases}$$ （用加减消元法）

三、解答题

❶ 已知关于 x、y 的二元一次方程 $y=ax-b$ 的两组解是 $\begin{cases} x=5 \\ y=11 \end{cases}$ 和 $\begin{cases} x=7 \\ y=17 \end{cases}$ 。

（1）求 a 和 b 的值。

（2）当 $x=3$ 时，求 y 的值。

❷ 一个两位数，个位上的数字与十位上的数字之和是 9，个位上的数字和十位上的数字互换位置后，所得的两位数比原来的两位数小 27，则原来的两位数是多少？

❶ 用大、小两种运输车运输货物，2 辆大运输车与 3 辆小运输车一次可以装 15.5 吨货物，5 辆大运输车和 6 辆小运输车一次可以装 35 吨货物，求：3 辆大运输车和 5 辆小运输车一次可以运输多少吨货物？

❷ 学校组织学生去电影院看电影，原计划安排 45 座的放映厅若干间，但是有 15 名同学没有座位；若安排同样数量的 60 座的放映厅，则多出一间放映厅，且其他的放映厅正好坐满。请问学生的人数是多少？原来计划安排 45 座放映厅多少间？

❸ 某农场为扩大养殖规模，用 460 元新购入灰兔子和白兔子共 25 只，已知灰兔子每只 20 元，白兔子每只 16 元。求：两种兔子各买了多少只？

❹ X 特工队准备出去郊游，小 X 写了购物清单准备以下物品：

	单价（元 / 个、盒）	数量（个 / 盒）	金额（元）
面包	5	3	15
苹果	4		
饼干	7		
果汁	k	3	21
香肠	21	1	z
合计		15	98

（1）请直接写出 $k=$（   ），$z=$（   ）

（2）小 X 购买了苹果多少个，饼干多少盒?

五、思考题

若 $x^{4m-n}+7y^{9m-2n-5}=1$ 是二元一次方程，则 m 与 n 的值是多少?

一元二次方程及其解法

$ax^2+bx+c=0$		
ax^2 为（　）	bx 为（　）	c 为（　）
a 为（　）	b 为（　）	

 二、选择题

❶ 下列方程是一元二次方程的是（　）。

A. $x^2+y^2=3$　　B. $x^3+2x=1$　　C. $x^2+\dfrac{1}{x}=2$　　D. $x^2=4$

❷ 用配方法解方程 $x^2+6x-16=0$，变形后的结果正确的是（　）。

A.（$x+3$）$^2=16$　　B.（$x+3$）$^2=-16$

C.（$x+3$）$^2=25$　　D.（$x+3$）$^2=-25$

❸ 一元二次方程 $x^2-4x-12=0$，下列分解正确的是（　）。

A.（$x-2$）（$x-6$）$=0$　　B.（$x+2$）（$x-6$）$=0$

C.（$x+2$）（$x+6$）$=0$　　D.（$x-2$）（$x+6$）$=0$

❹ 方程 $x^2+4x-5=0$ 的解是（　）。

A. $x_1=-5$，$x_2=1$

B. $x_1=5$，$x_2=-1$

C. $x_1=\dfrac{1}{5}$，$x_2=1$

D. $x_1=-\dfrac{1}{5}$，$x_2=-1$

⑤ 一元二次方程 $x^2+9x-11=0$ 的根的情况是（　）。

A. 无法确定

B. 有两个不相等的实数根

C. 有两个相等的实数根

D. 没有实数根

三、解下列二元一次方程

❶ $(x-3)^2+2x(x-3)=0$

❷ $(x-3)^2=5(3-x)$

❸ $2x^2-5x-3=0$

❹ $x(2x-5)=4x-10$

四、解答题

❶ 方程 $2x^2-2x-4=0$ 有两个实数根 x_1，x_2，那么 $x_1+x_2-x_1x_2$ 的值是多少？

❷ 如果 k，m 是一元二次方程 $x^2+5x-10=0$ 的两个根，则 $k+m-km$ 的值是多少？

一元二次方程的应用

🎓 **一、填空题**

❶ 已知关于 x 的方程 $(k^2-1)x^2+kx+2=0$ 是一元二次方程，则 $k \neq$（　　）。

❷ 把一元二次方程 $2x(x+4)=12$ 化为一般形式是（　　　　　）。

❸ 一元二次方程 $x^2-x-6=0$ 可以分解为（　　　　　）。

❹ 小 X 和 x 个村民一起去种树，先种了 $x+1$ 棵，然后所有人又分别种了 x 棵，据统计此时已经种了 36 棵树。请根据描述列出方程（　　　　　）。

❺ 方程 $x^2-4x+3=0$ 有两个实数根 x_1，x_2，则 x_1+x_2 的值是（　　）。

🎓 **二、想一想，并解答**

❶ 若关于 x 的一元二次方程 $(a-1)x^2+x+a^2-9=0$ 的一个根是 0，则 a 的值是多少？

❷ 若 $x=1$ 是关于 x 的一元二次方程 $kx^2-mx-2=0$ 的一个根,那么 $k-m+2022$ 的值是多少?

三、应用题

❶ 某鱼类繁殖基地第一年一共有 20 万条鱼苗,由于管理得当,在第三年时鱼苗总数比第二年多了 4.8 万条。如果从第一年到第三年,每年的鱼苗数量增长率相同,求年增长率是多少?

❷ 新年到了,方程村某家族将自己制作的新年礼物送给其他成员各赠送一份,共互赠了 132 份,那么该家族共有多少名成员?

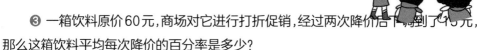

❸ 一箱饮料原价 60 元,商场对它进行打折促销,经过两次降价后下降到了 45 元,那么这箱饮料平均每次降价的百分率是多少?

一元二次方程综合训练

📖 **一、选择题**

❶ 下列方程中属于一元二次方程的有（　　）。

① $y^2=0$　　② $x^2+3y=8$　　③ $(x+4)^2=2x^2$

④ $\dfrac{1}{x^2}=9$　　⑤ $x^2-a+x=13$

A. 1个　　B. 2个　　C. 3个　　D. 4个

❷ 当 k（　　）时，方程 $(k-4)x^2+3x-1+8=0$ 是一元二次方程。

A. $=4$　　B. $\neq 4$　　C. $\geqslant 4$　　D. $\leqslant 4$

❸ 下列方程中两根之和为 5 的是（　　）。

A. $2x^2-5x-3=0$　　　B. $2x^2-4x-7=0$

C. $x^2-5x-3=0$　　　D. $x^2-3x-4=0$

❹ 一个两位数，个位上的数字比十位上的数字小 5，且个位上的数字与十位上的数字的平方和比这个两位数小 5，若设个位上的数字为 x，那么方程为（　　）。

A. $x^2+(x-5)^2=10(x-5)+x-5$

B. $x^2+(x+5)^2=10(x+5)+x-5$

C. $x^2+(x+5)^2=10x+x-5-5$

D. $x^2+(x+5)^2=10x+(x-5)-5$

❺ 用配方法解方程 $x^2+10x-25=0$，变形后的结果正确的是（　　）。

A. $(x+5)^2=50$　　B. $(x-5)^2=50$

C. $(x+5)^2=25$　　D. $(x-5)^2=25$

$16x^2=1$ $2x+6-(x+3)^2=0$

$x^2-4x-1=0$ $2x^2-9x+10=0$

三、解答题

❶ 已知 $(k^2+m^2)(k^2+m^2+3)=10$，请求出 k^2+m^2 的值。

❷ 已知 x_1，x_2 是 $2x^2-4x+6=0$ 的两个根，则 $\dfrac{1}{x_1}+\dfrac{1}{x_2}$ 的值为多少?

❶ 某工程队第一个月共垒砖 7200 块，由于持续提升自身业务水平，第三个月共垒砖 8712 块，则该工程队第一个月到第三个月工作量的平均月增长率是多少？

❷ 如图，π 爷爷在一块长 50 米、宽 30 米的菜地里修出两条相互垂直且宽度相同的小路，其余部分种上菜苗。已知种植菜苗的面积为 1344 平方米，那么小路的宽度是多少？

❸ 一条大路分出 x 条岔路，每条岔路又分出了 x 条小岔路。如果大路、岔路和小岔路的总数量是 21 条，那么 x 的值是多少？

综合测试卷一

一、选择题

❶ 若关于 x 的方程 $3x+a-7=0$ 的解是 $x=2$，则 a 的值是（ ）。

A. 0 　 B. −2 　 C. −1 　 D. 1

❷ 下列方程中，（ ）是一元一次方程，（ ）是二元一次方程，（ ）是一元二次方程。

A. $x^2+y=11$ 　 B. $x=0$ 　 C. $x+y=0$ 　 D. $x^2=4$

❸ 已知 x，y 满足方程组 $\begin{cases} x+m=12 \\ y-2=m \end{cases}$，则无论 m 取何值，$x$，$y$ 恒有关系式（ ）。

A. $x+y=14$ 　 B. $x+y=10$ 　 C. $x-y=10$ 　 D. $x-y=14$

❹ 如果方程 $x-y=9$ 与下列方程中的一个组成的方程组的解为 $\begin{cases} x=11 \\ y=2 \end{cases}$，那么这个方程可以是（ ）。

A. $3x-4y=24$ 　　 B. $2(x-y)=9y$

C. $\dfrac{1}{11}x+2y=4$ 　 D. $2x-\dfrac{1}{2}y=12$

❺ 设 x_1，x_2 是方程 $\dfrac{1}{5}x^2-x-5=0$ 的两个根，则有（ ）。

A. $x_1+x_2=5$ 　　 B. $x_1+x_2=-5$

C. $x_1x_2=1$ 　　 D. $x_1x_2=5$

❻ 用配方法解方程 $x^2+10x-11=0$，变形后的结果正确的是（ ）。

A. $(x+5)^2=11$ 　 B. $(x+5)^2=-11$

C. $(x+5)^2=36$ 　 D. $(x+5)^2=-36$

❶ 一元二次方程 $x^2=25$ 的解是（　　　　）。

❷ 把 $x=7$ 带入二元一次方程 $2x-3y=5$ ①，那么方程①就变成了一个关于（　）的一元一次方程。

❸ 二元一次方程 $4x+y=13$ 的正整数解有（　）组。

❹ 将一元二次方程（$3x+1$）（$x-1$）$=1$ 转化成一般形式 $ax^2+bx+c=0$ 可得（　　　　）。

📖 三、解下列方程

$1-\dfrac{x-3}{2}=\dfrac{2+x}{3}$

$5(x-1)=2(x-4)$

$\begin{cases} 1-x=y \\ 3x+2y=5 \end{cases}$

$\begin{cases} 2y+\dfrac{1}{2}x=\dfrac{5}{2} \\ 2x-y=-8 \end{cases}$

$(x+3)^2-49=0$

$2x-5=x(2x-5)$

📖 四、分析并解答

❶ 已知关于 x，y 的方程组 $\begin{cases} 3x+5y=29 \\ bx-ay=3 \end{cases}$ 的解和 $\begin{cases} bx+ay=51 \\ 7x-3y=9 \end{cases}$ 的解相同，则（$a+b$）（$b-a$）等于多少？

❷ 关于 x 的一元二次方程 $x^2-2x+k=0$ 的一个根为 -1，则 k 的值是多少？

📖 五、应用题

❶ 学校组织各个年级的小朋友以班为单位去看话剧，每张票价格为 50 元，已知团体购票有两种优惠方案可供选择：

方案一：全体人员可以打 8 折。

方案二：如果全体成员打 9 折，有 5 名小朋友可免票。

（1）六年级一班无论选择哪种方案所付的价钱都是一样的，请问六年级一班有多少名同学？

（2）如果二班有 30 人，用哪种方案合适？说明理由。

❷ 存钱罐里有 1 角、5 角、1 元的硬币各 15 枚，小丫从中取出 20 枚（3 种硬币都有），面值共 8 元，小丫取出的硬币中 1 角、5 角、1 元硬币各有多少枚?

❸ 学校组织乒乓球比赛，规定参加比赛的每两支队伍都要进行一次较量，已知一共比赛了 21 场，求学校共有多少支队伍参加了比赛。

 六、思考题

在下面的表格中，每行、每列以及对角线上的三个数之和都相等，请你求出 x、y 的值。

$4x$	7	y
	x	y
		$2y$

综合测试卷二

❶ 若关于 x 的方程 $5x-10=0$ 与方程 $3x+5k=21$ 是同解方程，则 k 的值为（　　）。

❷ 数轴上的一个点向右移动了 4 个单位长度，再向左移动 5 个单位长度，终点表示的数是 -1，那么原来表示的数是（　　）。

❸ 小 Z 和小 Y 一起工作，如果小 Y 单独做完需要 4 小时，如果小 Z 单独做完则需要 8 小时，为了加快速度，小 Y 和小 Z 一起做，则完成任务需要（　　）小时。

❹ 解方程组 $\begin{cases} 3x-4y=1 \\ x+4y=6 \end{cases}$ 适合用（　　）消元法，解方程 $\begin{cases} y=4x \\ y+5x=9 \end{cases}$ 适合用（　　）消元法。

二、选择题

❶ 方程 $3x-7=3-2x$ 的解是（　　）。

A. $x=4$　　　B. $x=4$　　　C. $x=2$　　　D. $x=10$

❷ 用加减法消元解方程组 $\begin{cases} 3x-2y=13 \\ 2x+3y=5 \end{cases}$，变形正确的是（　　）。

A. $\begin{cases} 9x-6y=13 \\ 4x+6y=5 \end{cases}$　　　B. $\begin{cases} 6x-2y=26 \\ 6x+3y=15 \end{cases}$　　　C. $\begin{cases} 9x-6y=39 \\ 4x+6y=10 \end{cases}$　　　D. $\begin{cases} 3x-6y=39 \\ 2x+6y=10 \end{cases}$

❸ 一元二次方程 $x^2-4x+6=0$ 的根的情况是（　　）。

A. 有两个不相等的实数根　　　B. 没有实数根

C. 有两个相等的实数根　　　　D. 无法确定

❹ 若关于 x 的一元二次方程 $x^2+8x=n$ 配方后得到方程 $(x+4)^2=2n$，则 n 的值是（　　）。

A.16　　B.−16　　C.8　　D−8

❺ 已知 $x^2-x-2=0$ 的一个根为 k，那么 k^2-k 的值是（　　）。

A. −2　　B.2　　C.1　　D.−1

三、请解出下列方程

$x=\dfrac{1-x}{3}-1$

$\begin{cases} x+y=13 \\ 5x-y=29 \end{cases}$

$(10-x)(10x+50)=440$

$(30-x)(20-x)=551$

四、解答题

❶ 关于 x，y 的二元一次方程组 $\begin{cases} x+y=7m \\ x-y=m \end{cases}$ 的解也是二元一次方程 $9x-8y=12$ 的解，则 m 的值是多少？

❷ 关于 x 的一元二次方程 $x^2-2x+k-2=0$ 有两个不相等的实数根 x_1 和 x_2。

（1）求出 k 的取值范围。

（2）当 $x_1=-2$ 时，求 x_2 是多少。

💡 **五、应用题**

❶ 工地准备了 A 和 B 两种型号的运输车来运送渣土，如果用 3 辆 A 型车和 2 辆 B 型车一次能装 180 立方米渣土，如果用 2 辆 A 型车和 3 辆 B 型车一次能装 170 立方米渣土。那么每辆 A 型车和 B 型车分别能装

❷ 为庆祝植树节，五年级两个班的同学一起来到公园进行植树活动，每人需要种植 4 棵树，已知两个班一共 93 名同学，一班同学种树的数量比二班多 12 棵。那么一班和二班分别有多少名同学？

❸ 工程队正在忙着建筑施工，一月份修建完成了 100 条水渠，经过购置专业设备，三月份完成了 144 条水渠。请你算一算工程队一月到三月修建水渠工作量的平均增长率。

★ 一元一次方程及其解法 ★

一、❶未知数　❷解方程　❸一定；不一定　❹4

二、❶C　❷C　❸A　❹A　❺C

三、3.7　35　22　39

四、x 的 3 倍是 9。 —— x+3=9
　　x 与 3 的和是 9。 ╳ 3x=9
　　x 比 3 多 9。 —— x−3=9

五、❶解：设这个数为 x，列方程为 3x+7=28　x=7。　答：这个数是 7。

❷解：设这个数为 x，列方程为 200−4x=0　x=50。　答：这个数是 50。

六、❶由方程 8x÷6=4，解得 x=3，所以 9x×15=9×3×15=405。　答：9x×15 等于 405。

❷由方程 2x+2=8，解得 x=3，将 x=3 代入 2x+3a=24 中得到 2×3+3a=24，解得 a=6。

七、❶解：设长方形菜地的长为 5x，那么菜地的宽为 4x。

列方程 2×（5x+4x）=36，解得 x=2，菜地的面积为 5x×4x=10×8=80（平方米）。

答：这个菜地的面积是 80 平方米。

❷2x+2=8，解得 x=3，将 x=3 代入到 2x+3a=24 中得到 2×3+3a=24，解得 a=6，答：a 的值为 6。

★ 一元一次方程的应用 ★

一、❶解：设一颗 ★ x 元，列方程 10x=70　x=7（元），答：一颗 ★ 7 元。

❷一片比萨 x 元，列方程 8x=72　x=9（元），答：每片比萨 9 元。

二、① 15x ——————————— 表示苹果和香蕉一共多少元。

② 21x ——————————— 表示苹果总的价格。

③（21-15）x ——————————— 表示香蕉比苹果多花多少元。

④（15+21）x ——————————— 表示香蕉总的价格。

三、（1）11-x　　（2）3x　　（3）11-x　　（4）3x+11-x=23　x=6（场）
得胜场次得分 6×3=18（分），　平均场次得分 23-18=5（分）。

四、❶解：设这三个连续自然数分别为 x、x+1、x+2，列方程为 x+（x+1）+（x+2）=51，解得 x=16，答：这三个数分别是 16、17、18。

❷代数式去分母为 2（2x-2）-3（x-3）=12，解得 x=12，　答：x 的解为 12。

五、❶解：设棒棒糖每块 x 元。

5x+3×0.9=10.7

$\qquad$ x=1.6（元）

答：棒棒糖每块 1.6 元。

❷解：设黄花有 x 枝，则蓝花有 8x 枝。

x+8x=135

$\qquad$ x=15（枝）

15×8=120（枝）。

答：黄花有 15 枝，蓝花有 120 枝。

❸解：设这只烤乳猪原来有 x 斤，则小 X 分到 $\frac{1}{5}x$，小 Y 分到 $\frac{1}{5}x$+3。

$x-\dfrac{1}{5}x-\left(\dfrac{1}{5}x+3\right)=9$

$\qquad$ x=20（斤）。

答：这只烤乳猪原来有 20 斤。

❹解：设四年级 1 班赢了 x 场比赛，则输了（10-x）场比赛。

3x+1×（10-x）=22

$\qquad$ x=6（场）

$\qquad$ 10-6=4（场）。

答：四年级 1 班一共赢了 6 场比赛，输了 4 场比赛。

★ 一元一次方程综合训练 ★

一、❶ B　　❷ A　　❸ A　　❹ B　　❺ C

二、$\dfrac{3}{4}$　　1　　4　　$\dfrac{5}{4}$

三、30　　17　　7.5　　4　　$\dfrac{4}{3}$　　11

四、

(1) NONO 博士每小时行驶多少千米?　　　　　　$(2a-8)x$

(2) A、B 两地之间的距离是多少?　　　　　　　　ax

(3) 相遇的时候 NONO 博士行驶了多少千米?　　$(a-8)x$

(4) 相遇的时候 X 特工队 行驶了多少千米?　　　$a-8$

五、❶ $\dfrac{x+8}{2}=18$　　$x=28$

❷ $5x-7=18$　　$x=5$

❸ $5x-\dfrac{1}{2}x=1$　　$x=\dfrac{2}{9}$

六、❶ 解：设下层有 x 个玩具。

那么上层有 $x+11$ 个玩具，且 $x+(x+11)=35$，

解得：$x=12$

 $12+11=23$（个）。

答：上层和下层分别放了 23 个和 12 个玩具。

❷ 解：设小 X 答对了 x 道题。

则小 X 答错了 $(20-1-x)$ 道题。

$5x-2\times(20-1-x)=88$

$\qquad\qquad\qquad x=18$

答：小 X 一共答对了 18 道题目。

❸ 解：设 x 年后老师的年龄是欢欢的 2 倍。

 $39+x=2(12+x)$

$\qquad x=15$

答：再过 15 年后老师的年龄是欢欢的 2 倍。

七、解：设小长方形的宽为 x 厘米，则小长方形的长为 $2x$ 厘米。

2（2x+2x+x+x）=24

$\qquad$x=2

2×2=4（厘米），

2×4=8（平方厘米）。

答：小长方形的面积是 8 平方厘米。

★ 二元一次方程组及其解法 ★

一、❶① $x=25-3y$　②$x=25-3y$　③$2×（25-3y）+5y=43$　7　④$\begin{cases} x=4 \\ y=7 \end{cases}$

❷① $16x-12y=24$　②$9x+12y=51$　③$25x=75$　④3　⑤$\begin{cases} x=3 \\ y=2 \end{cases}$

二、❶A　❷D　❸C　❹C　❺C

三、$\begin{cases} x=5 \\ y=7 \end{cases}$　$\begin{cases} x=8 \\ y=20 \end{cases}$　$\begin{cases} x=8 \\ y=36 \end{cases}$　$\begin{cases} x=7 \\ y=1 \end{cases}$

四、❶解：由于 $6x^{8m-2}+4y^{\frac{n}{4}-2}=17$ 是关于 x，y 的二元一次方程，可知：

$8m-2=1$，$\frac{n}{4}-2=1$，则：$m=\frac{3}{8}$，$n=12$。

❷方程 $5x+2y=21$，可以化为：$y=\dfrac{21-5x}{2}$。只有当 x 取值 1 或 3 时，x，y 均

为正整数。当 $x=1$ 时，$y=8$；当 $x=3$ 时，$y=3$，答：有 2 组正整数解，分别是

$\begin{cases} x=1 \\ y=8 \end{cases}$ 和 $\begin{cases} x=3 \\ y=3 \end{cases}$ 。

★ 二元一次方程组的应用 ★

一、❶7　❷$2x+19y=67$　❸11；6

❹4　$\begin{cases} x=8 \\ y=1 \end{cases}$；$\begin{cases} x=6 \\ y=2 \end{cases}$；$\begin{cases} x=4 \\ y=3 \end{cases}$；$\begin{cases} x=2 \\ y=4 \end{cases}$　❺$y=\dfrac{15-5x}{3}$　❻$\dfrac{3}{2}$

二、❶$3x+5y=50$　❷$3x+5y=50-20$　❸$15×5+3y=50+x$

三、❶（1）解：设 A 药品进货 x 瓶，B 药品进货 y 瓶。

$\begin{cases} x+y=50 \\ 40x+65y=2500 \end{cases}$, 解得：$\begin{cases} x=30 \\ y=20 \end{cases}$。

答：A 药品进货 30 瓶，B 药品进货 20 瓶。

（2）30×60+20×100-2500=1300（元）。

答：这些药品全部售出能赚 1300 元。

❷解：设买茶壶 x 个，那么赠送得茶杯也是 x 个；单独购买茶杯 y 个，由题意可得：

$\begin{cases} x+x+y=20 \\ 17x+5y=170 \end{cases}$, 解得：$\begin{cases} x=10 \\ y=0 \end{cases}$。

答：买了 10 个茶壶，赠送了 10 个茶杯，没有买茶杯。

❸解：设小长方形的宽是 x，长是 y。由题意可知：

$\begin{cases} y=4x \\ 2x+y=75 \end{cases}$, 解得：$\begin{cases} x=12.5 \\ y=50 \end{cases}$。

12.5×50=625（平方厘米）。

答：其中一个小长方形的面积为 625 平方厘米。

四．$x-y=1$（本题答案不唯一）。

★ 二元一次方程综合训练 ★

一、❶B　❷C　❸D　❹D　❺A

二、$\begin{cases} x=19 \\ y=6 \end{cases}$　$\begin{cases} x=30 \\ y=9 \end{cases}$

三、❶（1）解：将两组解分别代入方程可得 $\begin{cases} 5a-b=11 \\ 7a-b=17 \end{cases}$, 解得：$\begin{cases} a=3 \\ b=4 \end{cases}$。

（2）解：当 $x=3$ 时，$y=3x-4=3×3-4=5$，则 $y=5$。

❷解：设原来的十位数字是 x，个位数字为 y。

由题意可得：$\begin{cases} x+y=9 \\ 10y+x-(10x+y)=27 \end{cases}$, 解得：$\begin{cases} x=6 \\ y=3 \end{cases}$。

答：原来的两位数是 63。

四、❶解：设大运输车可以装 x 吨货物，小运输车可以装 y 吨货物。

由题意可知：$\begin{cases} 2x+3y=15.5 \\ 5x+6y=35 \end{cases}$, 解得：$\begin{cases} x=4 \\ y=2.5 \end{cases}$。

则 $3 \times 4 + 5 \times 2.5 = 24.5$（吨）

答：3 辆大运输车和 5 辆小运输车一次可以运输 24.5 吨货物。

❷解：设学生的人数是 x 人，原来计划安排 45 座放映厅 y 间。

由题意可得：$\begin{cases} 45y+15=x \\ 60(y-1)=x \end{cases}$，解得：$\begin{cases} x=240 \\ y=5 \end{cases}$。

答：学生的人数是 240 人，原来计划安排 45 座放映厅 5 间。

❸解：设灰兔子购买了 15 只，白兔子购买了 y 只。

由题意可知：$\begin{cases} x+y=25 \\ 20x+16y=460 \end{cases}$，解得：$\begin{cases} x=15 \\ y=10 \end{cases}$。

答：灰兔子购买了 5 只，白兔子购买了 10 只。

❹（1）7；21

（2）解：设小 X 购买了苹果 x 个，饼干 y 盒。

$15-1-3-3=8$（个） $98-21-21-15=41$（元）。

根据题意可得：$\begin{cases} x+y=8 \\ 4x+7y=41 \end{cases}$，解得 $\begin{cases} x=5 \\ y=3 \end{cases}$。

答：小 X 购买了苹果 5 个，饼干 3 盒。

五、解：由题意可知：$\begin{cases} 4m-n=1 \\ 9m-2n-5=1 \end{cases}$，解得：$\begin{cases} m=4 \\ n=15 \end{cases}$。

★ 一元二次方程及其解法 ★

一、二次项　一次项　常数项　二次项系数　一次项系数

二、❶D　❷C　❸B　❹A　❺B

三、❶ $x_1=3$，$x_2=1$　❷ $x_1=3$，$x_2=-2$　❸ $x_1=3$，$x_2=-\dfrac{1}{2}$　❹ $x_1=\dfrac{5}{2}$，$x_2=2$

四、（1）解：∵ x_1，x_2 是方程 $2x^2-2x-4=0$ 的两个实数根。

∴ $x_1+x_2=-\dfrac{-2}{2}=1$；$x_1x_2=\dfrac{-4}{2}=-2$，

∴ $x_1+x_2-x_1x_2=1-(-2)=3$。

答：$x_1+x_2-x_1x_2$ 的值是 3。

（2）解：∵ k，m 是一元二次方程 $x^2+5x-10=0$ 的两个根，

则 $k+m=-5$，$km=-10$。

∴ $k+m-km=-5-(-10)=-5+10=5$。

答：$k+m-km$ 的值是 5。

★ 一元二次方程的应用 ★

一、❶ ± 1 ❷ $2x^2+8x-12=0$ ❸ $(x+2)(x-3)=0$ ❹ $1+x+(1+x)x=36$

❺ 4

二、❶解：将 $x=0$ 代入方程 $(a-1)x^2+x+a^2-9=0$ 得 $a^2-9=0$，解得 $a=\pm 3$。

❷解：∵ $x=1$ 是关于 x 的一元二次方程 $kx^2-mx-2=0$ 的一个根，将 $x=1$ 代入方程中，

∴ $k-m-2=0$，即：$k-m=2$，

∴ $k-m+2022=2+2022=2024$。

三、❶解：设增长率是 x，则第二年鱼苗数量为 $20(1+x)$ 条，第三年鱼苗数量为 $20(1+x)^2$。

根据题意可得：$20(1+x)^2-20(1+x)=4.8$，

整理可得：$25x^2+25x-6=0$，

解得：$x_1=0.2$，$x_2=-1.2$（与题意不符，舍去）。

所以 $x=20\%$。

答：增长率是 20%。

❷解：设该家族有 x 名成员，则每名成员所赠送的礼物为 $(x-1)$ 份。

由题意可得：$x(x-1)=132$，

解得：$x_1=12$；$x_2=-11$（不符合题意，舍去）。

答：该家族共有 12 名成员。

❸解：设饮料每次降价的百分率为 x。

由题意可得：$60(1-x)^2=15$，

解得 $x_1=0.5=50\%$，$x_2=1.5$（与题意不符，舍去）。

答：该饮料平均每次降价的百分率为 50%。

★ 一元二次方程综合训练 ★

一、❶B ❷B ❸C ❹B ❺A

二、
$x_1=\dfrac{1}{4}$，$x_2=-\dfrac{1}{4}$ $x_1=-3$，$x_2=-1$ $x_1=2+\sqrt{5}$，$x_2=2-\sqrt{5}$ $x_1=\dfrac{5}{2}$，$x_2=2$

三、❶解：设 k^2+m^2 为 x。

把 $k^2+m^2=x$ 带入（k^2+m^2）（k^2+m^2+3）=10，

得：$x(x+3)=10$，

解得：$x_1=-5$；$x_2=2$

∵ $k^2+m^2 \geq 0$，

∴ $x_1=-5$ 不符合题意，

∴ $x=2$，

答：k^2+m^2 的值是 2。

❷解：∵一元二次方程 $2x^2-4x+6=0$ 的两个根是 x_1，x_2，

$x_1+x_2=2$，$x_1x_2=3$，

$\dfrac{1}{x_1}+\dfrac{1}{x_2}=\dfrac{x_1+x_2}{x_1x_2}=\dfrac{2}{3}$，

答：$\dfrac{1}{x_1}+\dfrac{1}{x_2}$ 的值为 $\dfrac{2}{3}$。

四、❶解：设该工程队第一个月到第三个月工作量的平均增长率为 x。

根据题意可得：$7200(1+x)^2=8712$，

解得：$x_1=0.1=10\%$，$x_2=-2.1$（不符合题意，舍去）。

则 $x=10\%$。

答：该工程队第一个月到第三个月工作量的平均增长率为 10%。

❷解：设小路的宽度是 x 米。

根据题意可得：$(50-x)(30-x)=1344$，

解得：$x_1=2$，$x_2=78$（不合题意，舍去）。

答：小路的宽度是 2 米。

❸解：$1+x+x^2=21$

$x^2+x-20=0$

$(x-4)(x+5)=0$

$x_1=4$，$x_2=-5$（舍）

答：$x=4$。

⭐ 综合测试卷一 ⭐

一、❶D　❷B；C；D　❸A　❹B　❺A　❻C

二、❶ ±5　❷ y　❸3　❹ $3x^2-2x-2=0$

三、$x=\dfrac{11}{5}$；$x=-1$；$\begin{cases}x=3\\y=-2\end{cases}$；$\begin{cases}x=-3\\y=2\end{cases}$；$x_1=4$，$x_2=-10$；$x_1=\dfrac{5}{2}$，$x_2=1$。

四、❶由题意可得：$\begin{cases}3x+5y=29\\7x-3y=9\end{cases}$，解得：$\begin{cases}x=3\\y=4\end{cases}$，

将其代入 $\begin{cases}bx-ay=3\\bx+ay=51\end{cases}$，解得：$\begin{cases}a=6\\b=9\end{cases}$，则（6+9）×（9-6）=45。

❷解：∵关于 x 的一元二次方程 $x^2-2x+k=0$ 的一个根为 -1，

∴ $(-1)^2-2\times(-1)+k=0$

解得：$k=-3$。

五、❶（1）解：设六年级一班有 x 人

根据题意得：$50x\times0.8=0.9\times(x-5)\times50$，

解得：$x=45$。

答：六年级一班有 45 人。

（2）方案一：$50\times0.8\times50=2000$（元）。

方案二：$(50-5)\times0.9\times50=2025$（元）。

$2025 > 2000$

答：用方案一合适。

❷解：设 1 角、5 角硬币各有 x、y 枚，则 1 元硬币有（$20-x-y$）枚。

根据题意可得：$0.1x+0.5y+(20-x-y)=8$，

得：$0.9x+0.5y=12$，即 $y=24-\dfrac{9}{5}x$。

由题意可知 $0\leqslant x$，$y\leqslant15$ 且都是整数。所以 $x=5$ 或 $x=10$。

当 $x=5$，则 $20-x-y=15$，与题意不符。

当 x=10，则 20-x-y=6，故 $\begin{cases} x=10 \\ y=6 \end{cases}$ 。

答：小 Y 取出的硬币有 10 枚 1 角的、6 枚 5 角的、4 枚 1 元的。

❸解：设学校共有 x 支队伍参加了比赛，则每队要参加（x-1）场比赛。

根据题意可得 $\dfrac{x(x-1)}{2}$=21，解得：x_1=7，x_2=-6（与题意不符，舍去）。

答：学校共有 7 支队伍参加了比赛。

六、解：由题意可得 $\begin{cases} 4x+7+y=y+y+2y \\ 4x+7+y=4x+x+2y \end{cases}$ ， 解得 $\begin{cases} x=2 \\ y=5 \end{cases}$ 。

⭐ 综合测试卷二 ⭐

一、❶ 3　❷ 0　❸ $\dfrac{8}{3}$　❹加减，代入　❺ $\begin{cases} 2m+3n=7 \\ 7n-3m=1 \end{cases}$

二、❶ C　❷ C　❸ B　❹ A　❺ B

三、$x=-\dfrac{1}{2}$；$\begin{cases} x=7 \\ y=6 \end{cases}$ ；x_1=6 x_2=-1；x_1=1 x_2=49 。

四、❶解：由 $\begin{cases} x+y=7m \\ x-y=m \end{cases}$ 得出 $\begin{cases} x=4m \\ y=3m \end{cases}$ ，

代入到方程 9x-8y=12 中，解得 12m=12，∴ m = 1。

❷（1）解：∵ 一元二次方程 x^2-2x+k-2=0 有两个不相等的实数根 x_1 和 x_2。

∴ $\triangle$ =（-2）^{2}-4（k-2）> 0，解得 k < 3

∴ k 的取值范围是 k < 3。

（2）解：由题意可知 x_1+x_2=2 ，则 -2+x_2=2 ，∴ x_2=4 。

五、❶解：设 A 型运输车能装 x 立方米渣土，B 型运输车能装 y 立方米渣土。

由题意可得：$\begin{cases} 3x+2y=180 \\ 2x+3y=170 \end{cases}$ ， 解得：$\begin{cases} x=40 \\ y=30 \end{cases}$ 。

答：A 型运输车能装 40 立方米渣土，B 型运输车能装 30 立方米渣土。

❷解：设五年级一班有 x 名同学，二班有 y 名同学。

由题意可得 $\begin{cases} x+y=93 \\ 4x-4y=12 \end{cases}$ ， 解得 $\begin{cases} x=48 \\ y=45 \end{cases}$ 。

答：五年级一班有 48 名同学，二班有 45 名同学。

❸解：设工程队一至三月修建工作数量的平均增长率为 x。

根据题意可得：$100(1+x)^2=144$，

解得：$x_1=0.2$，$x_2=-2.2$（与题意不符，舍去）。

所以 $x=0.2=20\%$。

答：工程队一至三月修建工作数量的平均增长率为 20%。